FotoGuide
F. L. Porter – Canon EOS 100

W0064616

Foto-Guide

F. L. Porter

Canon
EOS 100

Autor und Verlag haben sich redlich Mühe gegeben, die vielfäl-
tigen Funktionen der EOS 100 in all ihren Varianten und Auswir-
kungen korrekt wiederzugeben und zu interpretieren. Bei aller
Akribie halten wir uns jedoch nicht für unfehlbar. Wir sind unseren Lesern deshalb stets dankbar für Hinweise auf Fehler, die
sich eingeschlichen haben könnten.

2. Auflage 1993
© 1991 by vfv Verlag für Foto, Film und Video, 8031 Gilching
Alle Rechte vorbehalten
Printed in Germany

ISBN 3-88955-052-5

Inhaltsverzeichnis

Vorwort

Wie alle EOS-Modelle ist auch die EOS 100 ein ausgesprochener Tiefstapler: Ihr aufgeräumtes Gehäuse mit einem Minimum an genial verknüpften Bedienungselementen läßt nicht ahnen, welch enorme Möglichkeiten und Vielseitigkeit in dieser eher unscheinbaren Kamera stecken. Und das heißt in bewährter EOS-Manier: Es steht Ihnen eine beachtliche Vielfalt an Belichtungsprogrammen und technischen Möglichkeiten zur Verfügung.

Natürlich sind die Funktionen der Kamera in der Bedienungsanleitung kurz angerissen. Aber eben auch nur das. Die Hintergründe, das Was, Warum, Wo und Wie kann und soll eine Bedienungsanleitung nicht vermitteln. Sie jedoch möchten schließlich wissen, was Sie mit den einzelnen Funktionen in der Praxis anstellen können, wann Sie lieber dieses Programm wählen sollten oder jenes. Immerhin haben Sie diese leistungsfähige Kamera nicht gekauft, um die große Mehrzahl ihrer Möglichkeiten mangels Information ungenutzt zu lassen, um stets nur mit einem Programm, einer Einstellung zu fotografieren.

Ihnen hierbei zu helfen, ist die Aufgabe dieses Buches. Es soll Sie Schritt für Schritt einführen in die Handhabung der Kamera und gleichzeitig jene Hintergrundinformation vermitteln, die allein einen sinnvollen Einsatz der gebotenen Funktionen gestattet – die Sie schließlich bezahlt haben! Mit anderen Worten, wir möchten mit praktischen Tips und fachmännischem Rat dafür sorgen, daß Sie bessere Bilder machen, ohne deshalb »studieren« zu müssen, ohne auch nur einen Pfennig mehr auszugeben.

Bei alledem wollen wir die Dinge so sehen, wie sie sich aus der Sicht eines Fotojournalisten in der Praxis stellen. Das heißt, die Meinung des Herstellers ist für uns nicht heilig. Wir möchten unsere Einschätzung, unseren Rat, so neutral und praxisnah wie möglich halten, denn dieses Buch ist frei von jeder Beeinflussung durch den Hersteller. Rein zweckgebundene Herstellerinformation können Sie schließlich billiger haben.

Die einäugige Spiegelreflex-kamera

Vollautomatische Kleinbildkameras wurden uns zuerst in Form von Sucher- oder, wie sie auch noch genannt werden, Kompaktkameras beschert – Kameras also, deren Objektiv nicht auswechselbar war und die sich bequem in die Tasche stecken ließen. In jüngerer Zeit allerdings haben diese sogenannten »Kompakten« erschreckend viel Fett angesetzt: Sie legten sich auf verschiedene Brennweiten umschaltbare Objektive oder gar solche mit stufenlos veränderlicher Brennweite zu und lachten sich immer mehr Schnickschnack an, wohl in dem Bestreben, der unwiderlegbar größeren Vielseitigkeit der Reflexkonkurrenz ein wenig nachzueifern: ein eingebauter Weichzeichner hier, eine Nahlinse dort, ein abnehmbarer Fernauslöser oder eine Sonderfunktion, die neues Interesse schaffen soll. Vor lauter Eifer, einen neuen Markt zu schaffen, haben sich dabei allerdings einige Hersteller selbst ad absurdum geführt: Ihre »Kompakten« sind inzwischen teilweise größer als handliche, vollautomatische Spiegelreflexkameras. Mit dem In-die-Tasche-stecken ist also schon lange nichts mehr, und auch preislich sind die goldenen Zeiten für die ausgewachsene Kompaktkamera vorbei.

Kompaktkameras sind fett geworden

Sie haben sich für eine einäugige Spiegelreflexkamera entschieden, und Sie dürfen sich zu dieser Entscheidung beglückwünschen. Schauen wir uns schnell die wesentlichsten Unterschiede zwischen Kompakt- und Spiegelreflexkameras an und lernen wir dabei gleich die besonderen Vorteile unserer Kamera kennen.

Von jeher der größte Nachteil der Kompaktkamera ist der getrennte Sucher, der zwangsläufig nicht genau das zeigen kann, was auf den Film kommt. Einmal ist er höhenversetzt, zum anderen bei zahlreichen Konstruktionen noch seitenversetzt – und als Fotograf wundern Sie sich anhand der fertigen Bilder, warum gerade dort, wo im Sucher noch so viel Platz war, der Bildrand plötzlich so nah an wichtigen Details verläuft oder – noch schlimmer – warum die Köpfe Ihrer Lieben angeschnitten sind. Je näher Sie ans Motiv herangehen, um so stärker macht sich dieser Unterschied – die sogenannte Sucherparallaxe – bemerkbar.

Sucherparallaxe ist der größte Nachteil der Kompaktkamera

Bei der Spiegelreflexkamera hingegen blicken Sie stets durch das Aufnahmeobjektiv: Ein hinter dem Objektiv angebrachter Spiegel lenkt das Licht nach oben in den Sucher um. Zur Belichtung wird er blitzschnell nach oben geklappt, damit

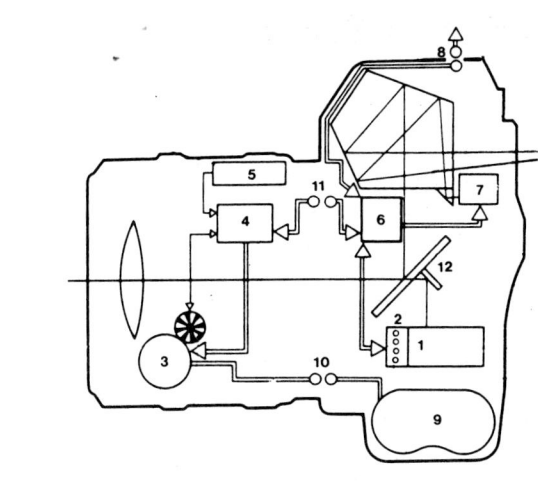

1 Optik für Autofokus-Sensoren
2 Autofokus-Sensor
3 Im Objektiv integrierter Autofokus-Motor
4 Objektiv-Mikrocomputer
5 Brennweitensignal
6 Zentraleinheit (CPU) zur Autofokus-Messung und -Steuerung
7 Sucheranzeige
8 Blitzkontakte im Zubehörschuh
9 Lithium-Batterie
10 Kamerabajonett mit Kontakten für Spannungsversorgung
11 Bajonettkontakte für Datenübermittlung und Spannungsversorgung
12 Teildurchlässiger Schwingspiegel mit Hilfsspiegel zur Umlenkung des
   AF-Meßstrahlengangs

Die nebenstehende Schemazeichnung verdeutlicht die Kommunikation zwischen den einzelnen Baugruppen einer EOS.

das Licht für den meist kurzen Zeitraum des Verschlußablaufs in gerader Linie nach hinten auf den Film treffen kann. Unmittelbar danach klappt der Spiegel wieder nach unten – und Ihre Kamera ist neuerlich in erster Linie ein idealer Reflexsucher.

Dieser direkte Blick durch das Aufnahmeobjektiv bringt eine ganze Reihe entscheidender Vorteile mit sich:

1. Welches Objektiv Sie auch an der Kamera haben, stets sehen Sie den Bildausschnitt genau so, wie er auf dem Film festgehalten wird. Dabei spielt es keine Rolle, ob Sie viele Meter vom Motiv entfernt sind oder ob sich dieses nur wenige Zentimeter vor dem Objektiv befindet, wo eine Kompaktkamera durch die Sucherparallaxe glatt an ihm vorbeischielen würde. Abgeschnittene Köpfe gehen folglich voll zu Ihren Lasten – es kann sich nur um einen Aufnahmefehler handeln. Besonders wichtig ist der Blick durchs Aufnahmeobjektiv für das genaue Einpassen von Motivdetails. Wollen Sie zum Beispiel ein Gebäude durch ein Gitter hin-

durch fotografieren, so wird es mit einer Sucherkamera zur Glückssache, ob wichtige Details vom Gitter verdeckt werden oder nicht, weil Sucherbild und Filmbild nicht übereinstimmen. Mit einer Spiegelreflexkamera können Sie das Motiv präzise in die Gitterzwischenräume einpassen.

2. Der Reflexsucher bietet ein wesentlich größeres und deutlicheres Bild als ein optischer Durchsichtssucher.

3. Selbst wenn die Kamera die Entfernungseinstellung für Sie übernimmt – die genaue Schärfenebene wird im Reflexsucher direkt sichtbar. Damit bleibt die Möglichkeit der Handeinstellung der Schärfe, sollten sich die Gegebenheiten im Motiv nicht für eine automatische Einstellung eignen oder Autofokus bei sehr kurzen Aufnahmeabständen nicht mehr möglich sein.

Im Reflexsucher sehen Sie jederzeit, wo die Schärfe liegt

Doch damit sind die Vorteile einer einäugigen Spiegelreflexkamera noch lange nicht erschöpft. Entscheidend für die extreme Vielseitigkeit dieses Kameratyps ist die Tatsache, daß der Reflexsucher die Auswechselbarkeit des Objektivs ermöglicht. So steht Ihnen eine beachtliche Zahl optischer Systeme zur Verfügung, so daß Sie die Ausrüstung ganz auf Ihre persönlichen Bedürfnisse abstimmen können. Vom extremen Weitwinkel bis zum Fernobjektiv reicht die Palette, ganz zu schweigen von Spezialobjektiven oder Sonderzubehör, zum Beispiel für die Nahfotografie.

Selbst eine im unteren Bereich angesiedelte »Kompakt-Reflex« bietet Ihnen auf diese Weise eine Flexibilität, die sich mit einer Sucherkamera auch bei hohem Aufwand nicht erreichen läßt. So nehmen moderne Spiegelreflexkameras je nach den Helligkeitsverhältnissen im Motiv automatisch eine Belichtungskorrektur vor, die erst durch die Messung der Helligkeit in verschiedenen Bereichen des Sucherbildes möglich wird. Das Ergebnis sind weniger Unterbelichtungen, zum Beispiel bei Gegenlicht, am Strand oder bei Schneeaufnahmen.

Die Reflexkamera ist in Vielseitigkeit unschlagbar

Auch die Autofokus-Systeme unterscheiden sich ganz wesentlich. Zwangsläufig muß das Autofokus-System einer Spiegelreflexkamera viel aufwendiger sein als jenes einer Sucherkamera. Dieser größere Aufwand gestattet eine präzisere Abstimmung auf das Motiv und schafft die Voraussetzungen für besondere Funktionen, sei es nun eine Schärfentiefenautomatik oder die Berücksichtigung von Objektbewegungen.

Alles zusammengenommen, besticht die Spiegelreflexkamera durch eine Vielfalt fotografischer Möglichkeiten, die sie ganz zu recht zum populärsten Kameratyp unserer Zeit gemacht hat. Vielfalt heißt dabei nicht unbedingt technische Komplexität, die besondere Kenntnisse oder Fähigkeiten von

Ihnen fordert. Selbst als Fotoneuling haben Sie mit einer Spiegelreflexkamera ungleich bessere Chancen für gute Bilder als mit einer sogenannten Kompaktkamera. Und allein darauf kommt es schließlich an.

Pro und kontra Automatik

Es ist so eine Sache mit der Automatik. Auf der einen Seite ist sie so wunderbar bequem, auf der anderen jedoch macht sie uns faul und schläfert ein. Wir meinen, nun gehe wirklich alles »automatisch« und wir könnten geistig abschalten. Genau das jedoch ist die große Gefahr. Denn alles geht eben doch nicht automatisch.

Die Automatik kann nicht denken

Ihre Kamera ist ein kleines Wunderwerk, wer wollte das bestreiten. Daß sie so viele automatische Funktionen aufweist, müssen wir ihren Konstrukteuren hoch anrechnen. Denn so können wir uns recht ungezwungen einer großen Sehnsucht hingeben, die den Menschen schon seit Urzeiten beherrscht: dem Wunsch, sein Leben und Erleben festzuhalten, zu konservieren, auf daß ihm die Erinnerung wach bleibe und er sich stets von Neuem an den schönen Stunden der Vergangenheit freuen könne.

Leider redet man Ihnen ja heute allenorts ein, daß Sie mit einer solchen Kamera überhaupt nicht fehlgehen könnten, daß Sie damit gar nicht umhin könnten, »perfekte« Aufnahmen zu machen. Und genau das ist Lug und Trug. Natürlich haben Sie mit einer solchen Kamera ungleich höhere Chancen, zu technisch einwandfreien Aufnahmen zu kommen (und die Betonung liegt auf »technisch«) – etwa ebenso, wie ein modernes Automobil einen ungleich höheren Fahrkomfort bietet als eine Karosse aus der Nachkriegszeit. Doch auch ein heutiges Komfortmobil müssen Sie noch lenken, beschleunigen und bremsen. »Automatisch« tut es trotz all seiner ausgefeilten Funktionen herzlich wenig für Sie.

Wie jedes Werkzeug, will auch eine Kamera geführt sein

Und genau so ergeht es Ihnen mit Ihrer automatischen Kamera. Machen Sie sich deshalb bitte von dem leider so weitverbreiteten – und von der Werbung forcierten – Irrglauben frei, nun brauchten Sie wirklich nur noch »aufs Knöpfchen zu drücken«. Solange Ihnen der Sinn nur nach Knipsbildchen steht und Sie damit zufrieden sind, Ihre Umwelt eben nur irgendwie abzulichten, mag dies stimmen. Doch wozu haben Sie sich dann eine hochwertige und vielseitige Kamera gekauft? Für Knipsbildchen tut's nämlich auch ein Knipskästchen! Also erwarten Sie doch sicher mehr – vernünftige Bilder nämlich, et was so, wie man sie Ihnen in den Kameraprospekten vorexerziert. Sehen Sie, und die machen Sie mit Sicherheit nicht automatisch« und geistig weggetreten. Diese Bilder nämlich sind von ausgefuchsten Profis mit viel Können (und meist recht langen Brennweiten) angefertigt worden und nicht nur durch »Eben-mal-draufdrücken« entstanden.

Habe ich Sie jetzt so verunsichert, daß Sie am liebsten aufgeben möchten? Aber nicht doch! Ich wollte Sie nur aufrütteln und Ihren Glauben an die allesseligmachende Automatik erschüttern, die in ihrer einschläfernden Wirkung nur geeignet ist, Ihnen zu (fotografisch) schlechteren Bildern zu verhelfen. Zur Mutlosigkeit besteht überhaupt kein Grund, denn eines sollten Sie wissen: Mit Verstand eingesetzt, erleichtert Ihnen diese Automatik das Fotografenleben wirklich unglaublich. Es kommt einzig und allein darauf an, daß Sie das Steuer in die Hand nehmen, anstatt sich von der Automatik an die Hand nehmen zu lassen.

Automatik muß sich mit Verstand paaren

Der Leisetreter

Als »flüsternde Revolution« propagiert Canon die EOS 100, denn man hat mit diesem neuen Modell wieder mal einen alten Zopf abgeschnitten, von dem sich bisher mangels technischem Engagement niemand zu trennen vermochte – dem unüberhörbaren, deftigen »Reflexgeräusch«, vom Spiegelschlag bis zum Transportschnarren, das einen rührigen Fotografen in besonders geräuschempfindlicher Umgebung – denken Sie nur an eine Trauung in der Kirche – oft zum ausgesprochenen Störenfried werden ließ. Oder man lauerte einem scheuen Tier auf und – Plautz! – ging der Schuß los, daß dem armen Wurm Hören und Sehen verging und es beleidigt das Weite suchte. Womit sich weitere Aufnahmechancen natürlich verflüchtigten. Äußerst lobenswert also, daß sich Canon dieses Problems einmal angenommen hat und eine Verringerung des Geräuschpegels um beachtliche 75 % vermelden kann. Auf die Gefahr, als undankbar verschrieen zu werden, möchte man fast fragen: Warum nicht schon früher?

Eine Reflexkamera ist mit Geräusch verbunden

Genaugenommen hat man beim Filmtransport angesetzt, den die Motoren und Kettenantriebe herkömmlicher Reflexkameras zum Störenfried Nummer eins machen. Sechs verschiedene Dämpfungsmaßnahmen hat Canon in der EOS 100 ergriffen – mit durchschlagendem Erfolg. So übernimmt den Filmtransport nunmehr ein Riemenantrieb, der Schwingungen und das damit verbundene Geräusch verringert. An drei Stellen zwischen Filmtransport und Gehäuse werden zur Dämpfung

Die EOS 100 »schnurrt« nur noch

*Enorm »aufgeräumt«
wirkt die EOS 100. Ihre
vielen Funktionen und
Möglichkeiten werden
mit einem Minimum an
Bedienungselementen
gesteuert.*

des Vibrationsgeräuschs Gummilager eingesetzt. Lager aus Acrylschaum dämpfen das Betriebsgeräusch an drei Stellen zwischen dem Verschluß- und Spiegelspannmotor und der Frontplatten-Baugruppe.

Kernlose Motoren ersetzen herkömmliche Motoren für den Filmtransport und die Spannung von Verschluß und Spiegel. Diese laufen ruhiger; es entstehen weniger Schwingungen und damit weniger Betriebsgeräusch. Am Ausgang des Motors zur Verschluß- und Spiegelspannung werden Schneckenräder eingesetzt, die weicher eingreifen und die Kraft mit geringerer Geräuschentwicklung übertragen.

Und der Clou: In anderen Kameras wird die Länge des Filmtransportwegs mit Hilfe einer Zahntrommel ermittelt, die in die **Eine Pionierleistung:** Randperforation des Films eingreift. Dies ergibt ein ratschen-**optisches Abtast-** des Geräusch. Hier betrat Canon Neuland mit der Entwicklung **system statt Zahn-** eines geräuschlosen optischen Abtastsystems, das die Weg-**trommel** länge berührungsfrei ermittelt. Diese Maßnahme ist die vielleicht interessanteste, denn Urgroßvaters Zahntrommel hat beim heutigen Stand der Technik wahrhaftig ausgedient, und es ist höchste Zeit, daß sich die Hersteller so manches »selbstverständliche, überkommene« Konstruktionsdetail aus der Sicht des heute technisch Möglichen anschauen, um Lösungen zu finden, die diesem Wissensstand entsprechen.

Ein umfassendes Funktionsangebot

Canon ist Meister im Bau »komplett ausgestatteter« Spiegelreflexkameras. Was immer Sie sich nur an Funktionen wünschen könnten – sie sind fest eingebaut. Eine winzige Drehur an der Wählscheibe, und die Kamera vollführt die unglaublichsten Dinge für Sie.

Zunächst einmal ist die EOS 100 eine *vollwertige* Reflexkamera, die keine Kompromisse schließt: Arbeitsblende und Verschlußzeit werden Ihnen im Sucher stets unübersehbar vor Augen geführt – und das in halben Stufen. Dies ist das entscheidende Kriterium für den überlegten Einsatz einer Kamera, selbst bei automatischer Belichtungsregelung. Denn eine Kamera, die zwar alles automatisch erledigt, Ihnen jedoch verschämt verschweigt, was sie denn nun eigentlich einstellt, mag zwar ein wunderschönes Knipsmaschinchen sein, aber eben auch nur das. Fotografisch entmündigt sie. Bei der EOS 100 hingegen dürfen Sie Mensch bleiben, dürfen mitdenken – wenn Sie wollen – und zwar automatisch, jedoch nicht stur heil fotografieren.

Die EOS 100 ist eine vollwertige Reflexkamera

Allerdings konnte es sich Canon nicht verkneifen, auch der EOS 100 einige vollautomatische Motivprogramme mitzuge-

Der untere (hintere) Bereich der Wählscheibe enthält die Einstellungen für die verschiedenen Automatikprogramme, bei denen Sie kein Mitspracherecht haben: Vollautomatik, Motivprogramme Porträts, Landschaft, Nahaufnahmen und Action sowie Strichcode-Programm.

ben, damit Sie – meint man – ja nichts falschmachen können. Wenn wir von diesen vollautomatischen »Knipsprogrammen« einmal absehen, bietet Ihnen die EOS 100 mehr als selbst der weltberühmte Multi-Automat Canon A-1 vor noch gar nicht so langer Zeit: Eine Programmautomatik, die sich praxisgerecht an der Aufnahmebrennweite orientiert und damit Verwacklungsunschärfe vermeiden hilft; die Möglichkeit der bewußten Verschiebung der Zeit/Blendenpaare in dieser Programmautomatik; die bewährte Blendenautomatik; die ebenso bewährte Zeitautomatik; eine Schärfentiefenautomatik, die ihresgleichen sucht, denn sie gestattet Ihnen – im Rahmen der technischen Möglichkeiten – das präzise Abstecken des Schärfen-

Komplettausstattung läßt keine Wünsche offen

bereichs im Bild; und schließlich eine Belichtungsreihenautomatik, die Ihnen bei kritischen Motiven oder Beleuchtungsverhältnissen Sicherheit verschafft, denn sie streut die Belichtung um einen gewünschten Faktor, damit bestimmt eine richtig belichtete Aufnahme dabei ist.

Auch beim Blitzen hat die EOS die Nase vorn

Natürlich greift Ihnen die EOS 100 auch beim Blitzen unter die Arme, und gerade hier hat sie die Nase vorn. Denn in ihrem Prismengehäuse verbirgt sich ein ausklappbares Blitzgerät, dessen Leistung in seiner Klasse hervorragend ist, was sich nicht zuletzt dadurch erklärt, daß es mit dem Objektiv zoomt und die Lichtenergie somit optimal nutzt. Eine Sonderschaltung hilft, den Effekt der bei schwacher Allgemeinbeleuchtung leicht auftretenden »roten Augen« zu verringern. Und natürlich taugt es zur Schattenaufhellung bei Tageslicht. Schon selbstverständlich ist es, daß diese Blitzautomatik auf der Innenmessung und -steuerung des Blitzlichts beruht und damit hohe Genauigkeit mit großer Flexibilität in den Belichtungsdaten verbindet.

Für letzte Freiheit bei der Belichtungsregelung bleibt Ihnen die Handeinstellung von Zeit und Blende, wie sie zum Beispiel zum Ausgangspunkt für besondere Effekte oder den Einsatz von Sonderzubehör wird. Doch auch in den sogenannten Kreativprogrammen ist eine gezielte Belichtungskorrektur mit dem neuartigen Daumenrad bequem möglich.

Selbst Tüftler finden zahreiche Sonderfunktionen

Und sollten Sie all das noch als langweilig empfinden, können Sie sich mit Mehrfachbelichtungen vergnügen, sich mit dem Selbstauslöser ein Bild von sich selbst machen oder Blitzaufnahmen mit längeren Zeiten einmal auf den zweiten Verschlußvorgang synchronisieren.

Eine eindrucksvolle Liste von Möglichkeiten also, die noch erweitert wird durch technische Details wie drei verschiedene Meßcharakteristika für die Belichtungsmessung, von der Mehrfeldmessung über die Selektivmessung bis zur mittenbetonten Integralmessung. Und nicht zuletzt ist es das Autofokus-System, das die EOS 100 zu einer der fortschrittlichsten Kameras dieses Typus' macht. In Verbindung mit den Canon-EF-Objektiven, von denen immer mehr mit dem futuristischen Ultraschallmotor (USM) auf den Markt kommen, wartet sie mit einer Autofokus-Leistung auf, die vorbildlich ist in Genauigkeit, Schnelligkeit und dem – je nach Objektivtyp – kaum noch bis überhaupt nicht mehr wahrnehmbaren Betriebsgeräusch.

Autofokus mit Kreuz-Sensor

Daß dieses Autofokus-System auch in bezug auf die Schärfennachführung bis zum Zeitpunkt des Verschlußablaufs auf dem neuesten Stand ist, sei nur am Rande vermerkt. (Denn einige Hersteller tun noch immer so, als sei diese Funktion ein strenggehütetes Geheimnis, das nur sie allein besitzen.)

Die wichtigsten Bedienungs- elemente der EOS 100

Lassen Sie uns zunächst einen Blick auf die wichtigsten Teile und Bedienungselemente der Kamera werfen, damit wir im weiteren Text stets wissen, wovon wir reden.

Die Sucheranzeige

Das Sucherbild der EOS 100 ist so hell und brillant, wie wir das seit langem von Canon gewöhnt sind. Die Vollmattscheibe zeigt Ihnen die Ebene bester Schärfe (bei größter Blende des verwendeten Objektivs) *an jeder beliebigen Stelle* des Formats. Das heißt, Sie können gegebenenfalls mit abgeschaltetem Autofokus im endgültigen Bildausschnitt scharfstellen,

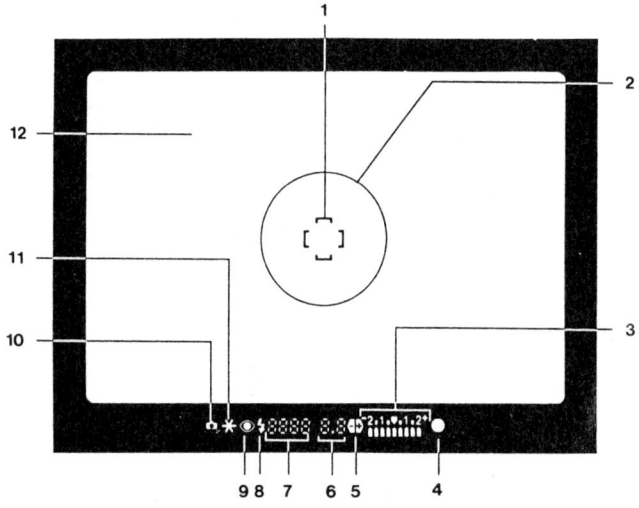

1 AF-Meßfeld
2 Selektivmeßfeld
3 Belichtungs-/Blitzkorrekturanzeige bzw. Anzeige des Streufaktors bei Belichtungsreihen
4 Schärfenindikator (leuchtet konstant, wenn Schärfe eingestellt; blinkt, wenn Fokussierung unmöglich)
5 Belichtungsanzeige für manuelle Abstimmung
6 Arbeitsblende
7 Verschlußzeit
8 Blitzbereitschaftssymbol
9 Verringerung roter Augen
10 Verwacklungswarnung
11 Symbol für Meßwertspeicherung
12 Mattscheibenfeld

ohne daß sich das für die Scharfeinstellung maßgebliche Detail in der Bildmitte zu befinden braucht. Dies ist für die Praxis enorm wichtig.

Unter dem Sucherbild informiert Sie eine Datenzeile über alles Wissenswerte. Ausschlaggebend ist dabei die Tatsache, daß Sie Verschlußzeit und Arbeitsblende stets vor Augen haben. Und dies gilt stets dann, wenn Sie vollautomatisch fotografieren. Dem Fortgeschrittenen geben diese Daten wertvolle Hinweise auf die zu erwartende Bildwirkung.

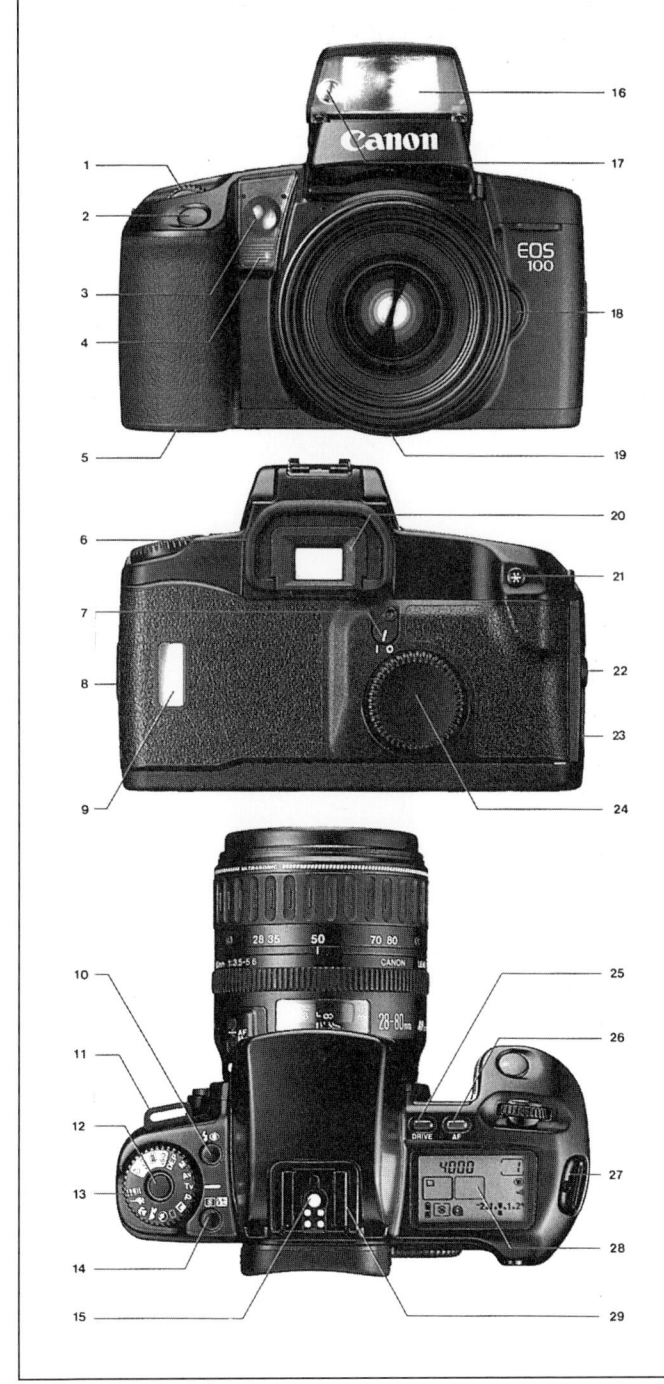

1 Einstellrad
2 Auslöser
3 LED für AF-Hilfsillumi-
nator bzw. Selbstaus-
löserablauf bzw.
Fernauslösungsbetrieb
4 Empfänger für Fernaus-
lösung
5 Batteriefach-Verrie-
gelung
6 Augenmuschel
7 Daumenradschalter
8 Rückwandentriegelung
9 Filmfenster
10 Taste für Blitz bzw.
Verringerung roter Augen
11 Riemenöse
12 Entriegelung der
Wählscheibe
13 Wählscheibe
14 Taste für Meßcharak-
teristik bzw. Blitzbelichtungskorrektur
15 Blitzkontakte
16 eingebautes Blitzgerät
17 Leuchte zur Verringe-
rung roter Augen
18 Objektiventriegelung
19 Stativbuchse
20 Sucherokular
21 Speichertate
22 Strichcode-Empfänger
23 Rückspultaste (für
manuelle Auslösung)
24 Daumenrad
25 Taste für Filmtrans-
portart
26 AF-Betriebsartentaste
27 Riemenöse
28 LCD-Monitor
29 Zubehörschuh

Die Wählscheibe

Man muß es Canon lassen, daß die Frage der Bedienung und Bedienungselemente in EOS-Kameras vorbildlich gelöst ist. Die EOS 100 macht hierbei keine Ausnahme, im Gegenteil. Fast möchte man sagen, daß Canon die Bedienung immer einfacher macht, je mehr Möglichkeiten eine Kamera bietet.

Im Gegensatz zu so mancher Konkurrenzkamera mit wohlklingendem Namen kommt die EOS 100 für sämtliche Grundeinstellungen mit ganzen drei Bedienungselementen aus: der Wählscheibe, dem Einstellrad und dem Daumenrad. Die Wähl-

Die Wählscheibe ist der zentrale Betriebsartenwähler der EOS 100. In der Ausschaltstellung »L« rastet sie ein. Diese Stellung trennt gleichzeitig den Bereich der vollautomatischen und Motivprogramme (unten) vom Kreativbereich mit seinen voll- bzw. halbautomatischen Programmen (oben).

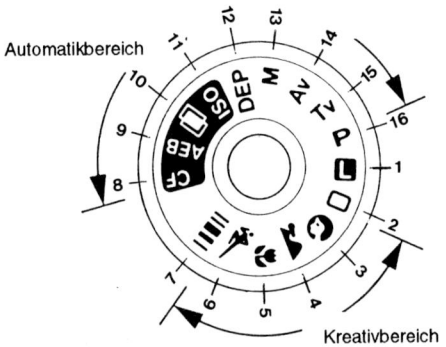

1 Ausschaltstellung
2 Vollautomatik
3 Motivprogramm Porträts
4 Motivprogramm Landschaft
5 Motivprogramm Nahaufnahmen
6 Motivprogramm Action
7 Strichcode-Programm
8 Individualfunktionen
9 Belichtungsreihenautomatik
10 Mehrfachbelichtungen
11 manuelle Filmempfindlichkeitseinstellung
12 Schärfentiefeautomatik
13 manuelle Belichtungsabstimmung
14 Zeitautomatik
15 Blendenautomatik
16 Programmautomatik

scheibe übernimmt dabei die Funktion des Betriebsartenwählers. Ihre Stellung entscheidet nicht nur über das jeweils gültige Aufnahmeprogramm, sondern auch darüber, was sich beim Drehen des Einstell- bzw. Daumenrads ändert. Im Detail werden wir hierauf bei der Besprechung der einzelnen Programme zurückkommen.

In der Ausschaltstellung »L« rastet die Wählscheibe ein. Aus dieser Stellung kann sie nur auf eine andere Position gedreht werden, wenn Sie gleichzeitig den kleinen Sperrknopf in ihrer Mitte drücken. Das geht übrigens sehr gut mit nur einem Finger, dem linken Daumen nämlich. Mit diesem können Sie den Sperrknopf drücken und die Scheibe gleichzeitig drehen.

Wenn Sie die Kamera nicht benutzen, empfiehlt es sich, die Wählscheibe auf »L« (Lock) zu stellen, um eine ungewollte Einschaltung – und damit Belastung der Batterie – oder Auslösung zu verhindern. Die Rückstellung auf »L« ist jederzeit blind möglich: Drehen Sie die Scheibe einfach, bis sie in die Sperre einrastet.

Auf der Wählscheibe stehen sich zwei grundlegende Bereiche gegenüber: Jener mit den vollautomatischen und Motiv-

Bei Transport und Nichtbenutzung schalten Sie auf »L«

programmen und der sogenannte »kreative« mit jenen Programmen, bei denen Sie mehr Mitspracherecht haben und – trotz Nutzung vieler automatischer Funktionen – das Steuer in der Hand behalten. Die Trennung schafft die L-Stellung mit ihrer Sperre. Während die Scheibe innerhalb der beiden Bereiche ohne Knopfdruck von Rastung zu Rastung drehbar ist, gelingt ein Wechsel von einem Bereich in den anderen folglich nur bei Druck auf den Sperrknopf.

Was die einzelnen Einstellungen für Sie tun können, werden wir in den jeweiligen Kapiteln näher untersuchen.

Das Einstellrad

Das Einstellrad steuert eine Vielzahl von Funktionen, ohne daß Sie dazu etwas Umschalten müßten. Dies geschieht automatisch mit der Wahl der Betriebsart.

Eine geniale Lösung, dieses Einstellrad, das Canon als erster Hersteller in seiner A-1 einführte. Es ist wesentlich leichter und angenehmer zu bedienen als zum Beispiel ein Schieber. Dabei steuert es durch geschickte Schaltung der Elektronik eine Vielzahl von verschiedenen Funktionen. Der Clou ist, daß die Umschaltung auf die jeweilige Funktion automatisch mit dem gewählten Betriebsprogramm erfolgt. Mit anderen Worten, das Einstellrad multipliziert sich gewissermaßen, und aus einem einzigen Bedienungselement werden viele, sämtlich am selben Ort und mit gleicher Leichtigkeit zu bedienen. Denn je nachdem, welches Betriebsprogramm Sie gewählt haben, steuert das Einstellrad die entsprechende veränderliche Komponente.

Stellen Sie die Wählscheibe zum Beispiel auf Av, also Zeitautomatik, wirkt das Einstellrad auf die Blende. Im Programm Blendenautomatik (Tv) wiederum führt eine Drehung am Einstellrad zur Veränderung der Verschlußzeit. Stellen Sie ISO ein, wirkt das Rad auf die Filmempfindlichkeitseinstellung. Und so weiter. Lediglich in den vollautomatischen Programmen hat das Einstellrad keine Funktion, denn in diesen erledigt die Kamera alles allein.

Das Daumenrad

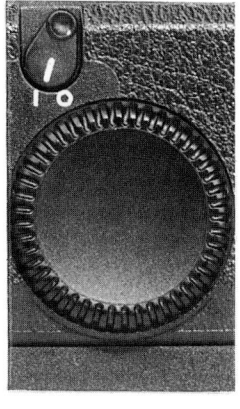

Das Daumenrad dient zur Einstellung eines Korrekturfaktors. Bei Handeinstellung der Belichtung steuert es die Blende.

Schon wieder ist uneingeschränktes Lob angebracht, denn das zuerst in der EOS 1 vorgestellte Daumenrad ist ähnlich genial wie das zentrale Einstellrad an der Kameravorderseite. Ihr rechter Daumen liegt genau darauf – und damit ist es goldrichtig plaziert.

Auch das Daumenrad bleibt in den vollautomatischen Programmen arbeitslos. In den »kreativen« hingegen dient es vorwiegend zur Einstellung eines Korrekturfaktors, sei es für die Belichtungsautomatik oder das eingebaute Blitzgerät. Außerdem übernimmt es bei Handeinstellung der Belichtung (M) die Steuerung der Blende. Und damit Sie nicht versehentlich einen Korrekturfaktor einführen können, wird es mit einem Schieber zu- oder abgeschaltet. Das Symbol »I« steht dabei für EIN, das »O« für AUS.

Damit wären wir auch schon am Ende der Haupt-Bedienungselemente. Von den wenigen Drucktasten wollen wir uns an dieser Stelle nur mit einer beschäftigen, jener für die Steuerung des Filmtransports.

Die DRIVE-Taste für Einzel- oder Reihenbilder

Bei eingeschalteter Kamera führt ein Druck auf die blaue Taste DRIVE vor dem LCD-Monitor zunächst zur Umschaltung der Filmtransportart. Norwalerweise werden Sie die EOS 100 in Einzelbildschaltung benutzen – außer natürlich, Sie bedienen sich der Motivprogramme und sind von vornherein auf gewisse Normschaltungen festgelegt. In der Einzelbildschaltung transportiert die Kamera den Film nach jeder Belichtung um exakt eine Bildlänge weiter. Und das geht so schnell – in dieser Kamera auch so leise! –, daß Sie selbst bei Einzelauslösung unglaublich schnell wieder schußbereit sind und neue Chancen wahrnehmen können. Im allgemeinen können Sie deshalb gut und gern auf die Reihenschaltung verzichten.

Mit der DRIVE-Taste wählen Sie Einzel- oder Reihenbilder.

Möchten Sie hingegen schneller ablaufende Bewegungen in einzelnen Phasen erfassen, so kommt Ihnen die EOS 100 mit Dauerlauf entgegen, der im günstigsten Fall drei Bilder in der Sekunde bringt. Die Einschränkung deswegen, weil dies natürlich eine entsprechend kurze Verschlußzeit voraussetzt, denn dreimal Belichtungszeit plus Transportzeit (und die Zeit zum Hoch- und Herunterklappen des Spiegels sowie zum Auf- und Abblenden) müssen schließlich in dieser einen Sekunde »Platz haben«. Ist das nicht der Fall, kann die Kamera nur ihr Bestes tun: Sie wird mit der automatisch oder manuell vorgegebenen Verschlußzeit so schnell wie möglich hintereinander belichten

Reihenbildschaltung erfordert kurze Verschußzeiten

Zur Schaltung auf Reihenbilder – bei denen die Kamera eine Aufnahme nach der anderen belichtet, solange Sie den Auslöser gedrückt halten – drücken Sie (bei eingeschalteter Kamera) die Taste DRIVE, bis im linken Kästchen des LCD-Monitors drei überlappende Rechtecke erscheinen. Diese Schaltung bleibt erhalten, wenn Sie die Kamera ausschalten (L). Sie wird hingegen gelöscht, wenn Sie anschließend eines der vollautomatischen Programme einstellen (unterer Bereich der Wählscheibe).

All dies gilt für den oberen Bereich der Wählscheibe. Keinen Einfluß auf die Filmtransportart hat die Taste DRIVE in den vollautomatischen Programmen, in denen die Filmtransport mit der Einstellung vorgegeben wird. Hier führt ein Druck auf die blaue Taste nur zur Umschaltung auf Selbstauslöser bzw. Fernauslösung.

Der LCD-Monitor

Die wichtigsten Positionen der Monitoranzeige:
1 Verschlußzeit
2 Arbeitsblende
3 Bildzähler
4 Symbole und Anzeige für Individualfunktionen, Mehrfachbelichtungen, Verringerung roter Augen, Belichtungsreihenautomatik, Korrekturfaktor und Signaltöne
5 Belichtungskorrekturskala
6 Anzeige für manuelle Belichtungsabstimmung
7 AF-Betriebsart
8 Filmpatronensymbol
9 Meßcharakteristik
10 Batterieprüfsymbol
11 Anzeige für Filmtransportart, Selbstauslöser und Signaltöne
12 Strichcode-Symbol
13 Kennzeichnung der Filmempfindlichkeit

Die rechte Oberseite der Kamera ziert ein großdimensionierter LCD-Monitor (LCD = Liquid Crystal Display = Flüssigkristallanzeige). Dieses in Fachkreisen gern als »Mäusekino« bezeichnete Anzeigeelement ist – und das ist wiederum eine Canon-Spezialität – glücklicherweise nicht nur für winzige Mäu-

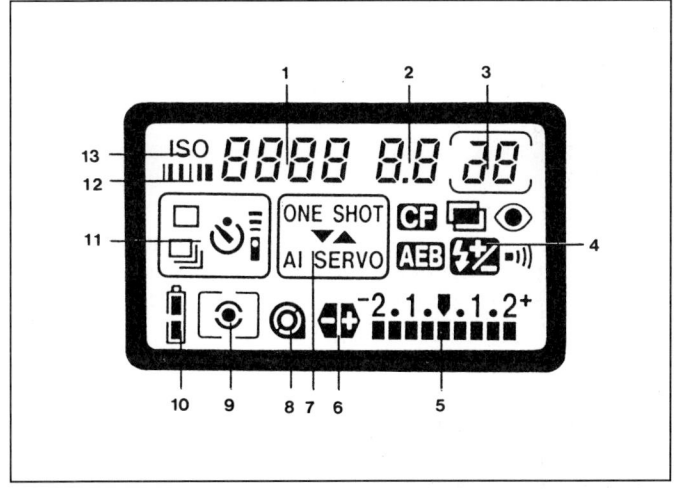

seäugelchen geeignet, sondern auch für Menschenaugen, die bereits einige Schwierigkeiten haben mit dem »Sehen auf die Nähe«. Denn was nützt Ihnen schließlich eine Anzeige, die Sie bei etwas schwächerem Licht auch mit Schielen und Zwinkern nicht erkennen können?

Der LCD-Monitor spiegelt in jedem Fall den genauen Betriebszustand der Kamera wieder und gibt umfassende Auskunft. Wenn wir Ihnen hier sämtliche möglichen Anzeigedaten auf einmal zeigen, so sollten Sie dies nicht mißverstehen. Dies ist natürlich nur eine Zusammenfassung. Denn so werden Sie den Monitor in der Praxis nie sehen. Stets zeigt er Ihnen nur das, worauf es in der entsprechenden Situation gerade ankommt. Er nimmt Ihnen folglich die Auswahl ab und ermöglicht blitzschnelles Erkennen und Verarbeiten der jeweils wichtigen Information.

Einige Besonderheiten der Flüssigkristallanzeige sollten Sie noch kennen: Flüssigkristalle sind temperaturempfindlich, wenngleich in Grenzen. Unter 0° Celsius kann die Anzeige träg werden. Und wenn Sie sie »grillen«, bei Temperaturen um die 60° C, kann es Ihnen passieren, daß Sie plötzlich im wahrsten Sinne des Wortes »schwarz sehen«. Doch bitte: Wollen Sie sich das antun? Vermutlich geben Sie noch vor diesen 60° C auf! Also werden Sie diese mehr theoretische Grenze wohl kaum erreichen. Und wie dem auch sei – sobald die Temperatur wieder »normal« wird, erholt sich auch die Anzeige wieder. Kein Grund zur Besorgnis also.

Bei großer Hitze wird eine LCD vorübergehend schwarz

Schließlich macht Sie jeder Hersteller noch darauf aufmerksam, daß LCDs nicht ewig leben: Nach etwa fünf Jahren kann die Anzeige schwach, schwer lesbar werden. Und dann bleibt Ihnen nichts weiter übrig, als das gute Stück dem Canon-Kundendienst anzuvertrauen, der Ihnen für einen entsprechenden Obolus eine LCD-Jungfrau einbaut. Aber das liegt erst mal in ziemlich ferner Zukunft ...

Der Selbstauslöser

Jetzt müssen wir aus rein »organisatorischen« Gründen ein wenig vorgreifen und eine Funktion abhandeln, die uns den ansonsten streng logischen Aufbau dieses Buches stört, jene Verzögerungsschaltung nämlich, die Ihnen Zeit genug läßt, sich selbst ins Bild zu schmuggeln. Denn natürlich erfüllt Ihnen die EOS 100 auch den durchaus legitimen Wunsch, selbst in Ihren Aufnahmen nicht zu fehlen. Bei Bedarf sorgt die Kamera dafür, daß der Verschluß erst zehn Sekunden nach dem Druck auf den Auslöser abläuft.

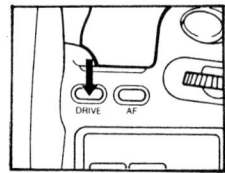

Die Umschaltung der Kamera auf Selbstauslöser erfolgt durch Druck auf die DRIVE-Taste.

Voraussetzung ist selbstverständlich, daß die Kamera auf einer festen Unterlage steht. Ideal ist ein Stativ, doch zur Not geht es auch ohne. Dann drehen Sie die Wählscheibe auf das gewünschte Belichtungsprogramm und drücken die blaue, mit DRIVE bezeichnete Taste über dem LCD-Monitor. Diese dient zunächst zur Umschaltung der Filmtransportart. Wenn Sie – bei den Kreativprogrammen – von Einzelbildschaltung (dem einzelnen Rechteck im linken Monitorfeld) – ausgehen, erscheint beim ersten Druck das Symbol für Reihenbilder (drei überlappte Rechtecke) und anschließend jenes für Selbstauslöser (und Fernauslösung). Bei den vollautomatischen Programmen liegen die Dinge insofern anders, als die einzelnen Programme von unterschiedlichen Motorstellungen ausgehen. Hier führt stets bereits der erste Druck zum direkten Sprung auf die Selbstauslöserstellung.

Anschließend wählen Sie den Bildausschnitt und tippen den Auslöser zur automatischen Entfernungs- und Belichtungseinstellung an. Es versteht sich, daß sich hierfür eine Per-

Bei Selbstauslöseraufnahmen muß das Okular durch den Okulardeckel (oder einfach mit der Hand) abgedeckt werden, um den Einfall von Fremdlicht zu verhindern, das die Belichtungsmessung beeinträchtigen könnte.

Der Selbstauslöser hilft auch am Rande des Lichts aus der Patsche

son an der Stelle des AF-Meßfeldes befinden muß. Alternativ können Sie AF abschalten und einfach auf der Sucherscheibe fokussieren oder – mit einem USM-Objektiv – ohne jede Umschaltung von Hand nachfokussieren.

Sofern Sich Ihr Auge beim Druck auf den Auslöser nicht am Sucherokular befindet und dieses abschattet, empfiehlt Canon, das Sucherokular mit jenem Deckel zu verschließen, der am Schulterriemen der Kamera befestigt ist. Dies soll verhindern, daß Licht von hinten in den Sucher einfällt und die Belichtungsmessung verfälscht. Die Verrenkung können Sie sich sparen, indem Sie das Okular bei der Auslösung gegebenenfalls einfach mit der Hand abschatten.

Würden Sie sich beim Druck auf den Auslöser allerdings vor die Kamera stellen, dann hätte dies schwerwiegende Folgen: Sie würden der Kamera buchstäblich die Sicht versperren! Kommen Sie also nicht in die Versuchung, erst mit dem Auge am Okular bei angetipptem Auslöser alles einzustellen, den Auslöser dann freizugeben und vor der Kamera endgültig auszulösen. Entfernungs- und Belichtungseinstellung würden dann auf ihre stolzgeschwellte Brust erfolgen.

Ein voller Druck auf den Auslöser setzt den Ablauf in Gang. Bis zur Belichtung ertönen Signaltöne, deren Frequenz sich 2 s vor dem Verschlußablauf erhöht. Diese letzten beiden Sekunden blinkt zusätzlich die rote Leuchtdiode an der Kameravorderseite. Sollten Sie sich die Sache noch anders überlegen, können Sie den Countdown abbrechen, indem Sie die Taste DRIVE neuerlich drücken. In diesem Fall bleibt die Kamera auf Selbstauslöser geschaltet, und jeder weitere Druck auf den Auslöser führt zu einer Selbstauslöseraufnahme. Dasselbe gilt, wenn Sie die Wählscheibe auf ein anderes Programm drehen. Drehen Sie sie hingegen auf »L«, wird die Selbstauslöserstellung gelöscht, und Sie fotografieren anschließend normal weiter. Zur Rückstellung vor einer Auslösung müssen Sie die Taste DRIVE drücken.

Der Selbstauslöser ist übrigens für mehr gut als nur Sie selbst mit aufs Bild zu bringen. Einmal kann er bei Aufnahmen vom Stativ für verwacklungsfreie Auslösung sorgen. Nach demselben Prinzip hilft er Ihnen gegebenenfalls, wenn Sie die Sucheranzeige der Verschlußzeit bzw. das Symbol für Verwacklungsgefahr daran erinnert, daß das Licht für Aufnahmen aus der Hand schon zu schwach ist. Blitzen gut und schön, doch blitzen Sie mal den Eiffelturm in der Dämmerung! Das geht natürlich nicht, denn das Blitzlicht reicht ja nur wenige Meter weit. Also bleibt nichts übrig, als sich nach einer sicheren Auflage für die Kamera umzusehen: ein Geländer, eine Bank – irgend etwas. Für Hochaufnahmen darf es auch eine

Wand oder ein Baum sein, an die sie die Kamera anlehnen. Und dann kommt der Selbstauslöser zu seinem Recht, denn bis zum Verschlußablauf sind die Auslöseschwingungen längst abgeklungen. Mit diesem kleinen Trick läßt sich noch manche stimmungsvolle Aufnahme retten.

Die technischen Daten der EOS 100

Kameratyp: Einäugige Kleinbild-Spiegelreflexkamera (SLR) mit Schlitzverschluß, Autofokus, Belichtungsautomatik, eingebautem Blitzgerät und eingebautem Motorantrieb.

Objektivanschluß: Canon-EF-Bajonett mit vollelektronischer Signalübertragung.

Geeignet für: Canon-EF-Objektive.

Sucher: Feststehender Dachkant-Prismensucher. Gesichtsfeld vertikal und horizontal 90% des Formats. Vergrößerung 0,75fach mit Objektiv 50 mm in Unendlich-Einstellung.

Okular: Abstimmung auf -1 dpt; Höhe der Austrittspupille 20 mm.

Einstellscheibe: Feststehend, Vollmattscheibe mit AF-Meßfeld und Selektivmeßfeld.

Verschluß: Vertikal ablaufender Schlitzverschluß; sämtliche Zeiten elektronisch gesteuert.

Verschlußzeiten: 1/4000 s – 30 s und B. X-Synchronzeit 1/125 s. Einstellung in halben Stufen.

AF-Steuerung: TTL-SIR-Phasenerkennung (Secondary Image Registration) mit Kreuz-Sensor BASIS (Base-Stored Image Sensor). Zwei Autofokus-Betriebsarten: Schärfenpriorität (One Shot) und Auslösepriorität (AI Servo). Manuelle Scharfeinstellung möglich.

AF-Arbeitsbereich: LW 0 – 18 bei ISO 100/21°.

AF-Hilfsilluminator: Eingebaut; wird bei Bedarf automatisch zugeschaltet.

Belichtungmeßsystem: Offenblenden-Innenmessung mit 6-Zonen-SPC (Silicium-Fotozelle). Drei Meßcharakteristika: Mehrfeldmessung, Selektivmessung über ca. 6,5 % des Formats und mittenbetonte Integralmessung.

Meßbereich: LW -1 bis 20 mit Objektiv 1:1,4/50 mm bei ISO 100/21° und Normaltemperatur.

Aufnahmeprogramme: 1. Programmautomatik 2. Blendenautomatik 3. Zeitautomatik 4. Schärfentiefenautomatik 5. Vollautomatik 6. Strichcode-Programm 7. Motivprogramme (Porträts, Landschaft, Nahaufnahmen, Action) 8. Blitzautomatik (A-TTL bzw. TTL-Programmblitzautomatik mit eingebautem bzw. System-Blitzgerät) 9. Manuelle Belichtungseinstellung.

Verwacklungswarnung: Bei Vollautomatik, Programmautomatik, Zeitautomatik, Schärfentiefenautomatik, in den Motivprogrammen und im Strichcode-Programm. Verwacklungssymbol blinkt im Sucher, wenn die automatisch eingestellte Verschlußzeit um 0 bis 0,5 LW unter den Kehrwert der Aufnahmebrennweite absinkt.

Mehrfachbelichtungen: Bis zu neun Aufnahmen vorwählbar. Mit automatischer Rückstellung nach den Aufnahmen.

Belichtungskorrektur: ± 2 LW in halben Stufen.

Belichtungsreihenautomatik: ± 2 LW in halben Stufen. Drei aufeinanderfolgende Aufnahmen: Unterbelichtung, gemessene Belichtung und Überbelichtung.

Filmempfindlichkeitseinstellung: Automatisch nach DX-Code (ISO 25/15° – 5000/38°) oder von Hand (ISO 6/9° – 6400/39°).

Filmeinfädelung: Automatisch. Nach dem Schließen der Rückwand automatischer Vorlauf zur ersten Aufnahme.

Filmtransport: Automatisch durch speziellen Kleinstmotor. Zwei Betriebsarten: Einzelbilder und Reihenbilder (max. 3 B/s).

Rückspulung: Automatisch am Filmende.

Selbstauslöser: Elektronisch gesteuert, mit 10 s Vorlaufzeit.

Fernauslösung: Mit getrennt lieferbarem Fernauslöser.

Individualfunktionen: Sieben Individualfunktionen einstellbar.

Batterie: Eine 6-Volt-Lithiumbatterie (2CR5).

Batterieprüfung: Automatisch beim Einschalten der Kamera (Verlassen der L-Stellung der Wählscheibe). Anzeige des Batteriezustands im LCD-Monitor.

Abmessungen: 154,2 x 105 x 69,1 mm (BxHxT).

Gewicht: 570 g ohne Batterie (nur Gehäuse).

Eingebautes Blitzgerät

Typ: Ausklappbares automatisches Zoom-Blitzgerät im Prismengehäuse, mit Innensteuerung. Serienschaltung.

Leitzahl bei ISO 100/21°: 13 (28 mm) bis 18 (80 mm).

Leuchtwinkel: Automatische Einstellung nach Aufnahmebrennweite – 28 mm, 50 mm bzw. 80 mm.

Blitzfolgezeit: Ca. 2 s.

Zündung: Automatisch bei schwachem oder Gegenlicht bei Vollautomatik, in den Motivprogrammen und im Strichcode-Programm.

Blitzkontakte: X-Synchronkontakt. Direktkontakte im Zubehörschuh.

Weitere Merkmale: Verringerung roter Augen, Synchronisation auf den zweiten Verschlußvorgang, Blitzbelichtungskorrektur.

Sämtliche Daten nach Angaben des Herstellers, ohne Gewähr.

Die Augen Ihrer Kamera

Jedes Canon-EF-Objektiv ist mit der EOS 100 verwendbar, was Ihnen enorme Freiheit in der Wahl Ihrer Ausrüstung läßt. Zum Ansetzen nehmen Sie zunächst den Gehäusedeckel und den Rückdeckel des Objektivs durch Linksdrehung ab. Dann richten Sie den roten Punkt am Objektivbajonett auf jenen am Kamerabajonett aus, setzen das Objektiv ein und drehen es unter leichtem Druck im Uhrzeigersinn, bis es einrastet.

Zum Abnehmen – und ausschließlich hierfür – drücken Sie die Entriegelungstaste am Kameragehäuse und drehen das Objektiv gleichzeitig nach links, bis es sich entnehmen läßt.

Das Kameragehäuse sollte bei Aufbewahrung ohne Objektiv grundsätzlich durch einen Gehäusedeckel geschützt sein.

Auch Ihre Objektive verdienen den Schutz durch Vorder- und Rückdeckel. Ohne Rückdeckel sollte ein Objektiv *niemals* mit seiner Rückseite abgesetzt werden, denn dies könnte zur Beschädigung der empfindlichen Kontakte führen. Glasflächen und die Kontakte an der Rückseite des Objektivs sowie am Kameragehäuse dürfen nicht durch Fingerabdrücke verunreinigt werden. Die Kontakte sollten gelegentlich mit einem sauberen Tuch abgewischt werden.

Staub auf den Glasflächen der Objektive entfernen Sie zunächst mit einem Objektivpinsel. Hartnäckige Verunreinigungen können nach Anhauchen der Fläche vorsichtig in kreisenden Bewegungen mit einem absolut sauberen Leinentuch entfernt werden. Im Notfall kann Optik-Reinigungsflüssigkeit zu Hilfe genommen werden, die jedoch in ganz geringer Menge

Die gesamte Datenübertragung zwischen Kameragehäuse und Objektiv erfolgt beim EF-Bajonett elektronisch. Durch den im Objektiv eingebauten Fokussiermotor entfällt jede mechanische Kraftübertragung zum Objektiv. Die entsprechenden Kontakte an Kameragehäuse und Objektiv sollten nicht berührt und stets saubergehalten werden.

ausschließlich auf das Tuch, niemals direkt auf die Glasfläche gegeben werden darf!

Vermeiden Sie nach Möglichkeit häufiges Abwischen der Glasflächen, das zum Verkratzen der Linsen führen kann. Fingerabdrücke sollten allerdings möglichst bald entfernt werden, denn sie haben eine ätzende Wirkung und können das optische Glas angreifen. Schützen Sie Ihr(e) Objektiv(e) gegebenenfalls durch ein gutes UV-Sperrfilter, das sowohl Schmutz als auch mechanische Beschädigungen von der Frontlinse fernhält.

Häufiges Linsenputzen kann zu Kratzern führen

Bei abgenommenem Objektiv liegt der Spiegelkasten der Kamera ungeschützt vor Ihnen. Vermeiden Sie jede Berührung des Schwingspiegels, dessen präzise Justierung für das Funktionieren der Kamera unentbehrlich ist. Staub auf diesem Spiegel wirkt sich nicht nachteilig auf Ihre Aufnahmen aus. Eine eventuell notwendige Säuberung des Schwingspiegels sollte ausschließlich dem Canon-Kundendienst vorbehalten bleiben.

Welches Normalobjektiv ist »normal«?

Als Normalobjektiv wird die EOS 100 gern mit einem Zoomobjektiv angeboten, meist dem EF 1:3,5-5,6/28-80 mm USM. Der Brennweitenbereich 28 – 80 mm ist goldrichtig, denn er gibt Ihnen große Freiheit für alle normalen Aufnahmen. Lichtstärke 1:5,6 bei Brennweite 80 mm gibt allerdings zu denken,

Der Unterschied im Bildwinkel – und damit Ausschnitt – zwischen Brennweite 28 mm und 80 mm ist beachtlich. So gibt Ihnen ein Zoomobjektiv mit diesem Brennweitenbereich entscheidende Freiheit für die Bildgestaltung.

denn für scharfe Aufnahmen aus der Hand müßten Sie dann – wenn wir die Festzeiten zugrundlegen – mindestens 1/125 s belichten. Und Blende 5,6 bei 1/125 s erfordert schon gutes Licht. Sobald sich die Wolken einmal zu dominierend vor die Sonne schieben, reicht Ihnen das Licht (bei normalempfindlichem Filmmaterial von ISO 100/21°) nicht mehr aus. So ist eine größte Öffnung 1:5,6 für diese Brennweite ausgesprochen mager! Mit anderen Worten: Viele der modernen Zoomobjektiv mögen kompakt sein, ihre Lichtstärke bleibt jedoch oft genug mehr als dürftig. So sollten Sie die Kamera mit einem solchen Objektiv ausschließlich mit Film von mindestens ISO 200/24° einsetzen. (Doch hohe Filmempfindlichkeit ist kein Allheilmittel, denn je höher die Empfindlichkeit, um so geringer sind Auflösung und allgemeine Bildqualität.)

Brennweite und Aufnahmestandpunkt bestimmen die Perspektive

Der breite, gummibelegte Ring eines Zoomobjektivs dient zur Brennweiteneinstellung. Drehen Sie ihn in einer Richtung, zoomt das Objektiv auf längere Brennweite, bei dem vorgenannten EF-Objektiv also bis auf maximal 80 mm. Eine Drehung in der anderen Richtung führt zur Einstellung immer kürzerer Brennweiten, im vorliegenden Fall bis 28 mm.

Und was passiert? Je länger die Brennweite, um so weniger kriegen Sie drauf. Ein Nachteil? Bewahre! Denn eine der Grundregeln der Fotografie besagt, daß weniger stets mehr ist. Je weniger störendes Umfeld Sie abbilden, um so aussagekräftiger werden Ihre Aufnahmen sein. (Und diese Regel sollten Sie vor allen anderen ganz groß in Ihr Notizbuch schreiben.) So wirken mit längerer Brennweite gemachte Aufnahmen automatisch ruhiger, ausgewogener. Zudem stellen sie meist geringere Anforderungen an Ihr kompositorisches Können, denn die Konzentration auf das Wesentliche eliminiert bereits zahlreiche gestalterische Fehlerquellen.

Und am anderen Ende? Weite Winkel. Dabei sind 28 mm genau das Zentrum dessen, was man in der Kleinbildfotografie als »Weitwinkel« bezeichnet, und mithin ideal als Standardausrüstung. Sie erfassen bereits deutlich mehr als die Normalbrennweite 50 mm. »Es kommt mehr drauf«. Doch – bitte – machen Sie dies nicht zur Regel! Denn je mehr »drauf« ist, um so mehr sind Sie in der Bildgestaltung gefordert. Weite Winkel verlangen ausgeprägte Fluchtlinien, starke Diagonalen, tiefe Blickwinkel, dominierenden Vordergrund. Gerade die vielen Details, die Sie mit kurzer Brennweite (Weitwinkel) erfassen, sind es, die manipuliert, ganz wörtlich »ins Bild gesetzt« werden wollen. Denken Sie daran!

Meiden sollten Sie eine Unsitte, die sich bei den Benutzern von Zoomobjektiven oft festsetzt: Das Objektiv wird entweder

Linke Bildreihe: Vom gleichen Standort ergeben unterschiedliche Brennweiten unterschiedliche Ausschnitte. Von oben nach unten zeigen diese Aufnahmen, was die untenstehende Skizze schematisch verdeutlicht: Das Weitwinkelobjektiv erfaßt außer einem Großteil des Gebäudes sehr viel Vordergrund, das Teleobjektiv (unten) nur noch einen Bruchteil. Da der Aufnahmestandpunkt jedoch beim Brennweitenwechsel nicht verändert wurde, ergibt sich stets dieselbe Perspektive. Würde man den Ausschnitt der Teleaufnahme aus der Weitwinkelaufnahme herausvergrößern, erhielte man dieselbe Abbildung.

Rechte Bildreihe: Völlig anders die Verhältnisse, wenn der Brennweitenwechsel mit einem Wechsel des Aufnahmestandpunkts einhergeht. Wieder illustriert die Skizze die Gegebenheiten der Aufnahmen: In der Teleaufnahme (in diesem Fall oben) sind die Autos vor dem Gebäude unendlich weit entfernt und klein. Durch allmähliche Annäherung und Einsatz einer immer kürzeren Brennweite ergibt sich schließlich die Weitwinkelperspektive (unten): Die Autos machen sich – bei fast gleichem Hintergrundausschnitt – dominierend im Vordergrund breit.

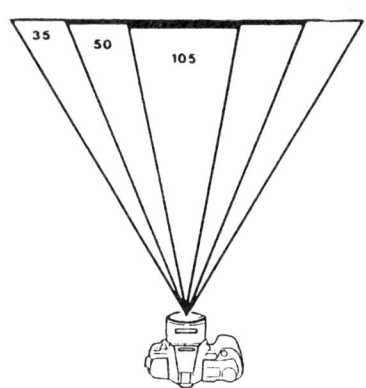
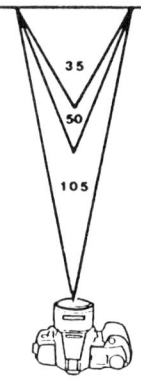

an das Weitwinkel- oder an das Tele-Ende gefahren. Mit anderen Worten, man gewöhnt sich an, nur die jeweiligen Grenzbrennweiten einzusetzen. Und das ist sehr schade, denn dazwischen liegt Ihr gesamter Gestaltungsspielraum, die Möglichkeit der Feinabstimmung des Ausschnitts!

Also: Wenn Sie über ein Zoomobjektiv verfügen, so nutzen Sie den Brennweitenbereich, den Ihnen dieses Objektiv in den Schoß legt. Stellen Sie die Brennweite so ein, daß der Bildausschnitt den Erfordernissen optimal entspricht. Und vielleicht kommt Ihnen ein wenig »Beinarbeit« zu Hilfe: Umkreisen Sie das Motiv wie ein Tiger seine Beute! Erst dann zeigt sich, welche Ansicht wirklich die beste ist! Denn eine wichtige Regel müssen wir uns noch merken:

> Ein Wechsel der Brennweite in Verbindung mit einem Wechsel des Aufnahmestandorts verändert die perspektivische Darstellung im Bild.

Fotografieren Sie eine Szene aus der Nähe mit einem Weitwinkelobjektiv, und der Abstand zwischen den einzelnen Entfernungsebenen wird enorm groß erscheinen. Derselbe Ausschnitt, mit einem Objektiv langer Brennweite aus größerem Abstand aufgenommen, rückt die Dinge aufeinander, scheint die räumliche Trennung weitgehend aufzuheben. So ergeben sich völlig unterschiedliche Darstellungen von ein und demselben Motiv. Und wieder gewinnen Sie entscheidenden Gestaltungsspielraum.

Die obenstehende Aufnahme sollte im Vergleich zur Abbildung auf der gegenüberliegenden Seite gesehen werden. Die Brennweite 135 mm (Tele) ließ – aus entsprechend größerem Abstand – Brunnen und Haus eng aufeinanderrücken.

Die Blende als Lichtventil

Einen Begriff müssen wir an dieser Stelle noch klären, der immer wieder fällt: den der Blende, die jedes EF-Objektiv besitzt.

Unserer Pupille abgeschaut, gestatten hauchdünne Metalllamellen im Objektiv eine stufenlose Verringerung der Öffnung. So läßt sich das einfallende Licht drosseln, die Belichtung regeln. Im Verein mit dem Verschluß, der die Dauer bestimmt, über die diese Lichtmenge auf den Film einwirkt, ergibt sich ein perfektes Duo zur Abstimmung der Belichtung.

Und damit wir feste Bezugspunkte haben, wurden die Blendenzahlen geschaffen, die man in der Praxis ebenfalls kurz »Blenden« nennt. So trifft bei, sagen wir, Blende 5,6 stets gleichviel Licht auf den Film, welches Objektiv Sie auch verwenden. Kleine Blenden entsprechen somit kleinen »Löchern« – die Blendenzahlen jedoch laufen entgegengesetzt: Je kleiner die Öffnung, um so höher die Blendenzahl. So ist 8 schon eine kleine Blende, 11 eine noch kleinere.

Das Farbbild hingegen zeigt dieselbe Szene aus kürzerem Abstand, jedoch mit einem Weitwinkelobjektiv (35 mm) aufgenommen. Die kurze Brennweite streckt die Perspektive, schafft deutlich mehr Raum zwischen Brunnen und Haus. Die Perspektive wird »aufgesteilt«. So läßt sich fast jedes Motiv aus einer Fülle unterschiedlicher Sichten darstellen.

Schärfe in der Tiefe

Die Blende – die Größe der Eintrittsöffnung – bestimmt den Bereich, der im Bild scharf dargestellt wird. Denn strenggenommen kann jedes optische System nur eine Ebene scharf abbilden. Davor und dahinter werden Punkte zu ständig größeren Scheibchen aufgeblasen – das Bild wird unscharf.

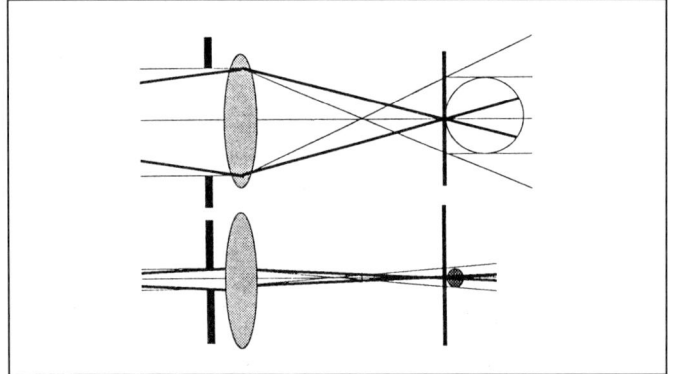

Bei gleicher Brennweite und gleichem Aufnahmestandort entscheidet die Arbeitsblende über die Schärfenausdehnung im Bild. Eine kleine Blende (hohe Blendenzahl) erfaßt einen großen Tiefenbereich scharf, während eine große Blende (niedrige Blendenzahl) weite Teile des Bildes in Unschärfe taucht. Verkürzt man die Verschlußzeit im gleichen Maße, wie die Blende geöffnet wird, ergibt sich dabei identische Belichtung.

Unser Auge erkennt Unschärfe erst ab einer Grenze

Zum Glück merkt unser Auge erst ab einer gewissen Größe, daß die Punkte gar keine solchen mehr sind, sondern Scheibchen. Und bis zu jener Grenze lassen wir uns Schärfe vorgaukeln. Das ist die vielzitierte Schärfentiefe. Grundsätzlich gilt:

> Je kleiner die Blendenöffnung, um so schlanker das Strahlenbündel und um so größer die Schärfentiefe.

Da mit längerer Brennweite immer größere effektive Öffnungen erforderlich werden, um identische Blendenzahlen zu erzielen, wirkt sich die Brennweite sekundär sehr nachhaltig auf die Schärfentiefe aus:

> Je länger die Brennweite, um so geringer wird die erzielbare Schärfentiefe.

Eine Teleobjektiv kann nur begrenzte Tiefenbereiche scharf abbilden

Mit einem Teleobjektiv können Sie folglich keine allumfassende Schärfe von vorn bis hinten erwarten, selbst wenn Sie weit abblenden. Ein Weitwinkelobjektiv hingegen kann vom gleichen Standort bei entsprechender Abblendung »Totalschärfe« erzielen. Und noch ein Faktor geht in die Rechnung ein:

> Je kürzer die Einstellentfernung, um so geringer wird die Schärfentiefe.

Im Nahbereich schmilzt sie schließlich auf Millimeter – oder Bruchteile davon! – zusammen. Deshalb ist es auch unmöglich, mit einer starren Kamera, wie sie eine Autofokus-SLR im Normalfall nun einmal ist, dreidimensionale Objekte auf kurze Abstände in ihrer Gesamtheit scharf zu erfassen. Wir stoßen an die Grenzen des optisch Möglichen.

Das zweite Lichtventil: der Schlitzverschluß

Im Zusammenhang mit der Blende war bereits angeklungen, daß es ein zweites Steuerungselement für die Belichtung gibt, das in der Kamera sitzt: den Verschluß. Bei einäugigen Spiegelreflexkameras handelt es sich dabei um einen sogenannten Schlitzverschluß, der unmittelbar vor der Filmebene angeordnet ist und den Weg zum Film nur für den meist sehr kurzen Augenblick der Belichtung freigibt. So wird es möglich, die Kamera überwiegend als »Reflexsucher« zu verwenden, den Sucherstrahlengang also durch das Aufnahmeobjektiv zu lenken, und obendrein die Objektive auswechselbar zu machen. Vom Verschluß vor Lichteinwirkung geschützt, bleibt der Film sicher in seiner »Dunkelkammer«.

Der Schlitzverschluß erst macht den Reflexsucher möglich

Seine Bezeichnung leitet der Schlitzverschluß von einer Besonderheit ab: Er besteht, vereinfacht gesagt, aus zwei sogenannten Vorhängen, von denen der erste das Bildfenster zur
Belichtung freigibt, der zweite die Luke wieder dicht macht.
Dabei läßt sich die völlige, kurzzeitige Freigabe des gesamten
Bildfensters nur bis zu einer bestimmten Belichtungszeit realisieren. Zur Erzielung sehr kurzer, effektiver Belichtungszeiten
muß man einen Trick zu Hilfe nehmen: Der zweite Vorhang
setzt sich bereits in Bewegung, noch bevor der erste das Bildfenster völlig freigegeben hat. So erfolgt die Belichtung durch
einen wandernden Spalt, einen Schlitz. Je kürzer die wirksame
Belichtungszeit, um so schmäler wird dieser Spalt. Die Ablauf-
geschwindigkeit der Vorhänge ändert sich nicht.

Die streifenweise Belichtung bei kurzen Verschlußzeiten
bringt normalerweise keine Nachteile mit sich. Lediglich bei
Blitzaufnahmen ergibt sich eine Grenze: Jene Zeit nämlich, bei
der das gesamte Bildfenster wenigstens ganz kurz einmal voll
geöffnet ist, die sogenannte Synchronzeit. Denn nur bei voll
geöffnetem Verschluß kann ein Blitz das gesamte Bild belichten. In der EOS 100 ist diese für Blitzaufnahmen kürzeste Zeit
1/125 s. Im Blitzkapitel werden wir noch darauf zurückkommen.

Früher liefen die Verschlußvorhänge horizontal ab, wie es
z.B. noch in der Canon F-1 der Fall ist. In dem Bestreben, immer

Eine kleine Blende sorgte bei dieser Aufnahme dafür, daß Vordergrund und Hintergrund gleicher-maßen scharf abgebildet wurden. Natürlich war hierfür auch eine kurze Brennweite – und ent-sprechende Annäherung – erforderlich.

Gegenüberliegende Seite: Bei einigermaßen günstigen Lichtverhältnis-sen bleibt Ihnen meist ein gewisser Bereich, inner-halb dessen Sie die Belichtung variieren kön-nen: Größere Blende und kürzere Zeit für geringere Schärfentiefe und schär-fere Konturen bei beweg-ten Objekten, kleinere Blende und längere Zeit für größere Schärfentiefe und geringere Konturen-schärfe bei bewegten Objekten.

kürzere Verschlußzeiten zu realisieren, stützen sich neuere Konstruktionen auf vertikal ablaufende Vorhänge, denn es leuchtet ein, daß sich der Weg über die kürzere Formatseite (die 24 mm) schneller zurücklegen läßt als jener über die Längsseite (36 mm). Zudem hat man die Vorhänge inzwischen in hauchdünne Lamellen aufgelöst, was jedoch an ihrer grundlegenden Funktion nichts ändert. Eine solche Konstruktion findet auch in der EOS 100 Verwendung.

Bei geöffneter Rückwand liegen die Lamellen des Schlitzverschlusses ungeschützt vor Ihnen. Zollen Sie diesen hauchdünnen, empfindlichen Teilen bitte extremen Respekt! Sie sind für jede Berührung tabu! Insbesondere beim Filmeinlegen sollten Sie darauf achten, daß weder die Filmzunge noch Ihre Finger den Verschlußlamellen zu nahe kommen.

Der Vorteil des Verschlusses gegenüber der Blende ist es, daß er eine Belichtungsregelung in beiden Richtungen gestattet – sowohl im Sinne einer Verkürzung als auch einer Verlängerung. Gemeinsam erlauben Blende und Verschluß eine präzise Anpassung des fotografisch wirksamen Lichts an die Helligkeit im Motiv.

Die Paarung von Zeit und Blende

Für die fotografische Gestaltung hochinteressant ist die Wechselwirkung zwischen Verschluß und Blende. Denn wenn wir – sagen wir – die Verschlußzeit um eine Stufe verkürzen, vielleicht von 1/250 s auf 1/500 s, können wir trotzdem identische Belichtung erzielen, indem wir einfach die Blende um eine Stufe öffnen, zum Beispiel von 8 auf 5,6. Die auf den Film treffende Lichtmenge ist in beiden Fällen gleich, denn die kürzere Belichtung wird durch eine größere Lichtmenge ausgeglichen. Und dieses Spiel können Sie im Rahmen der von Filmempfindlichkeit, vorhandenem Licht, Verschlußzeitenbereich und Objektivlichtstärke gesteckten Grenzen treiben, um die Bild*wirkung* nachhaltig zu beeinflussen.

Unterschiedliche Zeit/Blenden-Paare beeinflussen die Bildwirkung

Im Sinne der Belichtung mag es zwar gleichgültig sein, ob Sie nun mit 1/30 s und Blende 16 fotografieren oder mit 1/1000 s und Blende 2,8. Die Dichte des Negativs oder Diapositivs sollte in beiden Fällen gleich sein. Die Bildwirkung jedoch wird sich

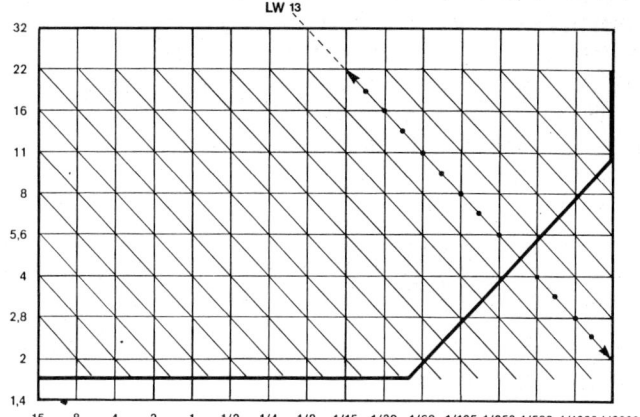

Das Diagramm verdeutlicht die Zeit-Blenden-Paare, die zu gleicher Belichtung, jedoch unterschiedlicher Bildwirkung führen und damit ihren Gestaltungsspielraum ausmachen.

deutlich unterscheiden: Im ersteren Fall führt die relativ lange Belichtung bei bewegten Objekten zu unscharfen Konturen. Dafür ergibt die kleine Blende (16) große Schärfentiefe (sofern sie bei Aufnahmen aus der Hand nicht durch Verwacklungsunschärfe zunichte gemacht wird). Im zweiten Fall ergibt die große Blende (2,8) sehr geringe Schärfentiefe; dafür wird Objektbewegung durch die kurze Belichtungszeit »eingefroren«.

Es lohnt sich nicht, mit einer »Standardzeit« zu fotografieren

Und wieder haben Sie ein wichtiges fotografisches Gestaltungsmittel entdeckt, die zweckgebunden richtige »Paarung« von Verschlußzeit und Blende. Und Sie sehen, daß es in der Praxis unsinnig wäre, ständig mit einer »Standardzeit« zu fotografieren und überflüssiges Licht einfach mit Hilfe der Blende abzuschneiden.

In der Literatur finden Sie für den Lichtwert die Abkürzung LW und – eingeschleppt aus dem Englischen – EV (exposure value), obwohl der Begriff ursprünglich in Deutschland geprägt wurde. LW 1 entspricht Blende 1,0 und einer Belichtung von 1 s Dauer.

Strom für Ihre EOS 100

Die EOS ist auf elektrischen Strom angewiesen, denn erst modernste Miniaturelektronik hat ein solch winziges, doch automatisches Wunderwerk möglich gemacht. Konstruiert ist die EOS 100 für eine 6-Volt-Lithiumbatterie vom Typ 2CR5, die sämtliche Stromkreise der Kamera versorgt und auch die zum Blitzen notwendige Energie spendet.

Zum Einlegen der Batterie öffnen Sie den Batteriefachdeckel im Boden des Handgriffs. Der handliche Batterieblock ist so geformt, daß Sie ihn nur in einer Richtung einsetzen kön-

nen. Sie müssen lediglich darauf achten, daß die beiden Kontakte zuerst im Batteriefach verschwinden. Diese Kontakte sollten Sie übrigens vor dem Einlegen mit einem absolut sauberen, trockenen Tuch abreiben, um optimalen Stromfluß zu gewährleisten.

Wie lange die Batterie reicht, hängt von den Umständen ab. Wichtigster Faktor ist dabei zunächst die Temperatur, denn Batterien sind generell kälteempfindlich. Ab etwa 0° C ist Vorsicht geboten. Das heißt, Sie sollten die Kamera nicht unnötig der Kälte aussetzen, sondern nur zu den Aufnahmen »entblättern«. Bei rein winterlichen Temperaturen empfiehlt es sich unbedingt, eine Ersatzbatterie mitzunehmen und diese in einer Innentasche der Kleidung zu temperieren. Geht nämlich die Kamerabatterie verschnupft in die Knie, kann die wohltemperierte Ersatzbatterie einspringen – und die erste Batterie wandert in die Innentasche, denn, und das ist wichtig: Eine durch Kälte nicht mehr leistungsfähige Batterie erholt sich bei normalen Temperaturen wieder. So können Sie bei extremen Temperaturen gegebenenfalls wechseln, in der Innentasche »auftauen« und wieder wechseln.

Bei normalem Gebrauch sollte eine Batterie (bei Temperaturen um 20° C) zur Belichtung von etwa 65 Filmen zu 36 Auf-

Wasser läßt sich nur mit relativ langer Verschlußzeit als jene fließende Masse darstellen, die wir mit dem Auge wahrnehmen. Eine kurze Zeit würde jeden einzelnen Wassertropfen »einfrieren« – und so sehen wir Bewegung nie!

Beim Einsatz einer längeren Brennweite wird die Einhaltung der Verwacklungsgrenze – das heißt, die Verwendung einer ausreichend kurzen Verschlußzeit – zur Voraussetzung für gelungene Aufnahmen. Denn die lange Brennweite verstärkt die geringste Kamerabewegung im Moment der Belichtung.

Das Batteriefach ist im Handgriff untergebracht und leicht von unten zugänglich. Die Batterie muß mit den beiden glänzenden Polen voran eingelegt werden.

nahmen ausreichen, sofern nicht geblitzt wird. Bei 50%iger Blitzbenutzung bleiben noch 20 Filme übrig, bei 100 % Blitz 15.

Bei Temperaturen um -10° C ist eine frische Batterie ohne Blitz für etwa 18 Filme zu 35 Aufnahmen gut, mit 50 % Blitz für etwa neun, mit 100 % Blitz für runde vier. Eine genaue Angabe der Lebensdauer ist nicht möglich, denn wer weiß schon, wie oft Sie mit dem Autofokus spielen oder bei niedrigen Temperaturen fotografieren. Immerhin gestattet Ihnen die Abschätzung das rechtzeitige Bereithalten einer Ersatzbatterie. Und es lohnt sich bestimmt nicht, hiermit zu lange zu warten, besonders dann, wenn Sie auf eine Reise gehen. Gerade in Ländern der Dritten Welt können Sie sich beträchtliche Schwierigkeiten einhandeln, wenn Ihrer Kamera plötzlich das Licht ausgeht.

Es versteht sich, daß die von der EOS benötigte Lithiumbatterie nicht wiederaufladbar ist. Geben Sie verbrauchte Batterien bitte in den Sondermüll und widerstehen Sie der Versuchung, eine Batterie zu öffnen oder ins Feuer zu werfen!

Prüfen der Batterie

In gewissen Abständen sollten Sie sich vom Zustand der eingelegten Batterie überzeugen. Hierzu drehen Sie die Wählscheibe auf Vollautomatik (grünes Rechteck). Das dann auf dem LCD-Monitor erscheinende Batteriesymbol informiert Sie über den Batteriezustand:

Ein in beiden Hälften schwarzes Batteriesymbol sagt Ihnen, daß alles in Ordnung ist. Ist nur noch die untere Hälfte des Symbols schwarz, sollten Sie eine Ersatzbatterie bereithalten. Ein »leeres« Batteriesymbol mahnt zum Batteriewechsel. Was

---

Batterietips

● Prüfen Sie den Leistungszustand der Batterie vor den Aufnahmen.
● Halten Sie stets eine Ersatzbatterie bereit, insbesondere auf Reisen.
● Fotografieren Sie ruhig, bis der gesperrt Auslöser den Exitus der Batterie meldet.
● Temperieren Sie die Kamera bei niedrigen Temperaturen bis unmittelbar vor den Aufnahmen.
● Halten Sie die Ersatzbatterie in einer Innentasche der Kleidung warm.
● Werfen Sie eine bei Kälte versagende Batterie nicht weg. Sie erholt sich normalerweise bei Normaltemperatur und kann dann noch eingesetzt werden.
● Denken Sie daran, daß die EOS-Batterie nicht wiederaufladbar ist.
● Geben Sie erschöpfte Batterien in den Sondermüll.

es auf sich hat, wenn das leere Batteriesymbol obendrein blinkt, werden wir im folgenden Kapitel besprechen.

Alle diese Angaben dienen dazu, Sie bis zum letzten Augenblick recht genau über den Batteriezustand auf dem laufenden zu halten. Fotografieren können Sie grundsätzlich (auch bei

Zur Batterieprüfung wird die Wählscheibe auf Vollautomatik gedreht. Das dann auf dem Monitor erscheinende Batteriesymbol gibt Auskunft über den Batteriezustand.

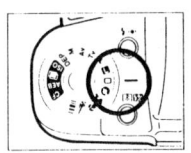 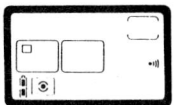

völlig fehlendem Batteriesymbol), solange der Auslöser nicht gesperrt bleibt. Die Belichtung wird stimmen. Wirklich Schluß ist erst, wenn keine Auslösung mehr möglich ist.

 Batteriespannung noch ausreichend, doch Ersatzbatterie bereithalten.

 Batteriewechsel steht bevor.

 Batterie fast leer oder Funktionsstörung.

Braucht die Kamera allerdings einmal mehr Strom, wie zum Beispiel für den Rückspulvorgang oder auch nur den normalen Filmtransport, kann die Leistung einer bereits schwachen Batterie nicht mehr ausreichen – und es ist Feierabend. Die Kamera zuckt mittendrin die Achseln, und nichts geht mehr. Das ändert sich jedoch schlagartig, wenn Sie eine frische Batterie einlegen. Dann führt die Kamera sofort den unterbrochenen Arbeitsgang aus.

Sollte der Monitor völlig »tot« bleiben, wenn Sie die Kamera einschalten, so haben Sie die Batterie möglicherweise falsch eingelegt. Prüfen Sie in diesem Fall, ob die beiden silbernen Kontakte an der Oberseite der Batterie wirklich zur Kamera-*Oberseite* gerichtet sind.

Wenn das Batteriesymbol blinkt

Das Blinken des leeren Batteriesymbols hat eine doppelte Funktion. Einmal zeigt es den unmittelbar bevorstehenden Exitus der Batterie an, zum anderen jedoch dient es zur Anzeige einer Funktionsstörung.

Wenn dieses Symbol blinkt, sollten Sie die Batterie entnehmen, die beiden Pole mit einem sauberen, rauhen Tuch blankreiben und den Block wieder einsetzen. Dann drehen Sie die Wählscheibe wieder auf das grüne Dreieck. Blinkt das Symbol noch immer, tauschen Sie die Batterie gegen eine frische aus und lösen die Kamera einmal aus. Danach sollte das Blinken verschwunden sein und ein volles Batteriesymbol erscheinen.

Ein blinkendes Batteriesymbol kann eine Funktionsstörung anzeigen

Haben alle Ihre Bemühungen keinen Erfolg gehabt und blinkt noch immer ein leeres Batteriesymbol im Monitor, liegt eine Funktionsstörung vor, und es bleibt Ihnen nichts anderes übrig, als die Kamera dem Canon-Kundendienst zur Prüfung zu übergeben.

Und nun üben wir ein wenig

Die Gelegenheit, die Funktionen der nunmehr betriebsbereiten Kamera ein wenig »trocken« durchzuspielen, sollten wir uns nicht entgehen lassen, noch bevor wir einen Film einlegen. Denn wenn die Kamera erst einmal geladen ist, geht vieles nicht mehr zum Nulltarif.

Machen wir uns zunächst mit dem Sucher vertraut, der nicht nur durch Übersichtlichkeit, sondern insbesondere durch seine Klarheit besticht. Er ist das stärkste Argument für die Spiegelreflexkamera. Sie können sich darauf verlassen, daß all das auf den Film kommt, was Sie in diesem Sucher sehen. Zudem zeigt er Ihnen stets, auf welcher Entfernungsebene die beste Schärfe liegt. Eine Einschränkung allerdings ist zu beachten: Die tatsächliche Schärfen*verteilung* im Bild – d.h. wie weit die Schärfe in die Tiefe reicht – wird im Sucher normalerweise nicht sichtbar. (Es sei denn, sie programmieren die Kamera auf Funktion CF 5 und drücken die Speichertaste. Doch darauf kommen wir noch zurück.) In diesem Punkt kön-

Gegenüberliegende Seite: Beim schnellen Schnappschießen zeigt sich die ganze Überlegenheit einer Reflexkamera, die nicht nur automatisch für richtige Belichtung sorgt, sondern obendrein auch die Schärfe automatisch – und zudem blitzschnell – einstellt.

Gute »fotografische Reflexe« sind bei lebensnahen Schnappschüssen gefragt, denn trotz aller Automatik heißt es, den richtigen Augenblick erwischen. Und dazu gehört ein wenig Fingerspitzengefühl, vielleicht auch Intuition.

nen sich Sucherbild und fertiges Bild voneinander unterscheiden, denn die Schärfentiefe ist davon abhängig, wie weit die Kamera das Objektiv zur Belichtung abblendet (während Sie das Sucherbild stets mit voll aufgeblendetem Objektiv sehen, damit Sie in den Genuß möglichst großer Helligkeit kommen.)

In der Schärfentiefe können sich Sucher- und Filmbild unterscheiden

Beim Druck auf den Auslöser passiert einiges. In einer ersten Stufe schalten Sie das Autofokus- und das Belichtungsmeßsystem ein. Diese erste Stufe ist gemeint, wenn vom »Antippen« des Auslösers die Rede ist. Gewöhnen Sie sich erst einmal daran, diese erste Auslösestufe genau einzuhalten, ohne den Auslöser bis zur zweiten Stufe zu drücken, in der die Belichtung erfolgt.

Bei angetipptem Auslöser wird die Sucheranzeige aktiv. Unter dem Sucherbild zeigt eine grüne Lampe an, daß die automatische Scharfeinstellung erfolgt ist. Der Auslöser bleibt gesperrt, bis dies der Fall ist. Der grüne Schärfenindikator blinkt gegebenenfalls, wenn die Kamera mit jenem Detail, das Sie ihr im AF-Meßfeld vorsetzen, nichts anfangen kann und Ihnen die Scharfeinstellung schuldig bleiben muß. Eine versehentliche Auslösung – und unscharfe Aufnahme – wird dadurch verhindert, daß der Auslöser in diesem Fall gesperrt bleibt.

Wie ein Profi zeigt Ihnen die EOS 100 bei angetipptem Auslöser unter dem eigentlichen Sucherbild die von der Kamera im jeweiligen Programm ermittelte bzw. eingestellte Verschlußzeit und Arbeitsblende. Damit sind Sie stets lückenlos im Bilde, was sich »technisch« abspielt, und Sie können eigene Wünsche und Ideen durchsetzen (sofern Sie nicht mit einem der vollautomatischen Programme »Eintopf« fotografieren).

Das Erreichen einer Bereichsgrenze und die sich damit ergebende Gefahr einer Fehlbelichtung wird grundsätzlich durch Blinken der jeweiligen Komponente angezeigt, bei Programmautomatik durch Blinken beider Komponenten.

Die Kamera warnt mit Blinken einer Einstellkomponente vor Fehlbelichtung

Wenn Sie nach dem Antippen den Finger vom Auslöser nehmen, bleibt die Sucheranzeige noch sechs Sekunden stehen. Danach schaltet die Kamera automatisch ab, um Strom zu sparen. Und damit beim Transport keine unbeabsichtigte Einschaltung erfolgen kann – sollte beispielsweise ein Teil der Universaltasche zu eng am Auslöser anliegen –, empfiehlt es sich, die Wählscheibe bei Nichtbenutzung der Kamera stets auf »L« zu drehen.

Bei allen Programmen, in denen dies sinnvoll ist, warnt Sie am linken Ende der Anzeigezeile unter dem Sucherbild ein blinkendes Kamerasymbol mit Schwingen, wenn die Verschlußzeit unter den Kehrwert der Aufnahmebrennweite absinkt und damit Verwacklungsgefahr besteht. Mit diesem »Kehrwert« hat es folgendes auf sich: Wenn Sie vor die Aufnahmebrennweite ein »1/...« setzen, erhalten Sie die längste Verschlußzeit, die Sie – so sagt die Regel – bei dieser Brennweite noch aus der Hand halten können, ohne die Aufnahme zu verwackeln, zu »verreißen«, wie man in der Fotografie sagt. Auch das allerdings nur, wenn Sie sich Mühe geben, die Kamera vernünftig halten und sie nicht beim Druck auf den Auslöser in den Boden wuchten.

Nach dieser Regel ergibt sich also, daß die längste noch »haltbare« Verschlußzeit für Brennweite 50 mm etwa 1/60 s wäre (wenn wir uns an den Festzeiten orientieren), für 135 mm 1/125 s, für 200 mm 1/250 s und so weiter. Die EOS 100 ist so »schlau«, daß sie auch die jeweilige Einstellung eines Zoomobjektivs erkennt und diese der Warnung zugrunde legt.

Sobald die Verschlußzeit unter den Kehrwert der Aufnahmebrennweite absinkt, warnt unter dem Sucherbild ein blinkendes Kamerasymbol mit Schwingen vor Verwacklungsunschärfe.

Zur Rechten der Verwacklungswarnung erscheint ein Stern, wenn Sie die Speichertaste an der Kamerarückseite (im Griffbereich des rechten Daumens) drücken. In der rechten Hälfte der Anzeigezeile, schließlich, leuchtet in den automatischen bzw. halbautomatischen Kreativprogrammen eine ± 2 LW umfassende Skala für die Eingabe eines Korrekturfaktors auf. Weitere Einzelheiten über diese und die Abstimmanzeige für Handeinstellung der Belichtung in den entsprechenden Kapiteln.

Das Sucherbild selbst ist vorbildlich aufgeräumt. Nichts ist im Weg. Die kreuzförmig angeordneten, eckigen Klammern in Suchermitte markieren das Autofokus-Meßfeld. Auf die Entfernung des hier plazierten Motivdetails stellt die Kamera automatisch scharf. Der Kreis um dieses Meßfeld zeigt Ihnen, welchen Bereich die Kamera bei Selektivmessung der Belichtung erfaßt. Es sind etwa 6,5% des Suchergesichtsfeldes.

Was Sie im Sucher sehen, kommt mit Sicherheit auf den Film

Der Sucher der EOS 100 zeigt Ihnen übrigens »nur« 90 % dessen, was auf den Film kommt. Seien Sie wegen der fehlenden 10 % nicht traurig: Der Printer, jener Vergrößerungsroboter, beschneidet Ihre Bilder nicht gerade zimperlich, und Sie sind schließlich froh, daß am Ende nicht weniger herauskommt als Sie im Sucher vor sich sahen.

*Gegenüberliegende
Seite: Bei bewegten
Objekten kommen natür-
lich zur Verwacklungs-
grenze noch die Anforde-
rungen an die Schnellig-
keit der Objektbewegung
und die Abbildungs-
größe, denn je größer ein
Objekt dargestellt wird,
um so stärker wirkt sich
seine Bewegung im Bild
aus. So stellen Teleauf-
nahmen mit Großdarstel-
lung, zum Beispiel von
Personen, besonders
hohe Anforderungen.*

Autofokus – die automatische Scharfeinstellung

Jetzt wird es Zeit, daß wir uns – noch immer »trocken« – mit der automatischen Fokussierung, dem Autofokus (AF), vertraut machen. An dieser Funktion wird am deutlichsten, daß auch eine »automatische« Kamera ohne Ihre geistige Mitwirkung nicht auskommt.

Das Autofokus-System der EOS 100 ist vorbildlich in Genauigkeit und Schnelligkeit. Das Objektiv »springt« buchstäblich in die Schärfenposition, und dank der besonderen Canon-Konstruktion – bei der der Fokussiermotor nicht im Kamerage-

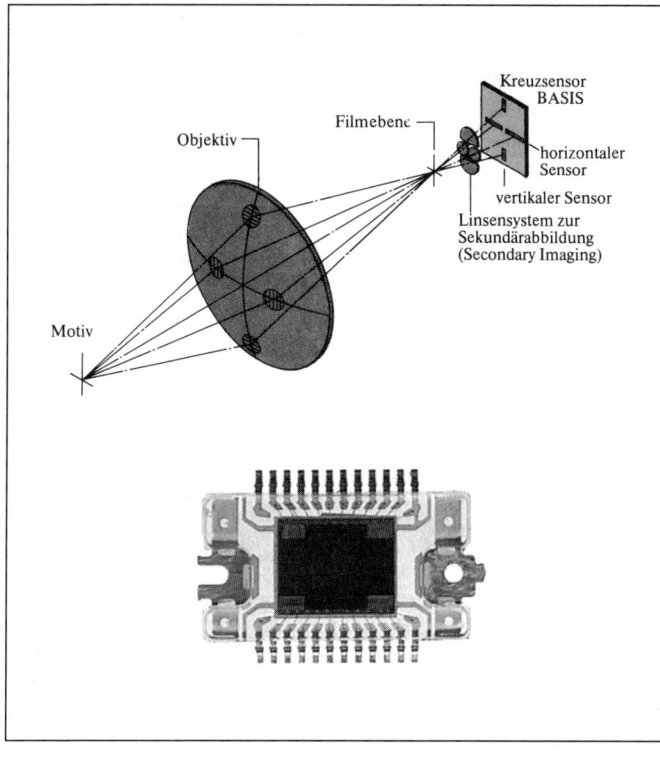

*Prinzipskizze des in der
EOS 100 verwendeten
Kreuz-Sensors für die
automatische Entfer-
nungsmessung.*

*Das AF-Sensormodul der
EOS 100*

häuse sitzt, sondern direkt im jeweiligen Objektiv – vollzieht sich der gesamte Vorgang mit nur minimaler Geräuschentwicklung, bei den USM-Objektiven (mit Ultraschallmotor) fast lautlos.

Die kreuzförmige Ausbildung des Meßfeldes im Sucher weist bereits auf eine weitere Besonderheit hin: Die EOS 100 ist mit dem Kreuz-AF-Sensor BASIS ausgerüstet, wie ihn Canon zuerst in der professionellen EOS 1 vorstellte.

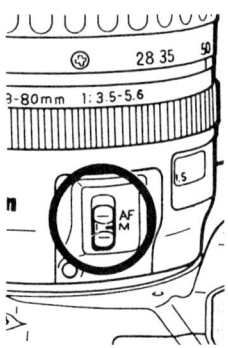

Die Ergänzung der herkömmlichen, horizontalen Sensorzeilen durch zwei vertikale macht Schluß mit der Anfälligkeit des AF-Systems gegenüber (im Querformat) horizontalen Linienstrukturen, die frühere Systeme nicht verarbeiten konnten. AF drehte durch, eine automatische Scharfeinstellung auf derartige Motivdetails war nicht möglich. Die kreuzförmige Anordnung garantiert, daß das Meßsystem stets Strukturen vorfindet, die nicht parallel zu vorgegebenen Linien verlaufen. Und damit konnte die Zuverlässigkeit des Systems entscheidend verbessert werden.

Ein Schiebeschalter am EF-Objektiv gestattet die Abschaltung der automatischen Scharfeinstellung. Danach kann die Schärfe mit dem Entfernungsring von Hand eingestellt werden.

Voraussetzung für Autofokus-Betrieb ist, daß sich der Schieber am Objektiv in Stellung AF befindet. Lediglich bei den ganz wenigen nicht abschaltbaren EF-Objektiven entfällt diese Forderung. Antippen des Auslösers (bei eingeschalteter Kamera) führt nun zur automatischen Scharfeinstellung. Worauf? Ausschließlich auf jenes Detail, auf dem das Meßfeld – jenes in Suchermitte sichtbare Klammerkreuz – liegt! Mit anderen Worten, Sie können präzise bestimmen, welche Ebene im Bild scharf sein soll. Dazu jedoch dürfen Sie die Kamera nicht einfach »hinhalten und auslösen«, sondern Sie müssen schon ein klein wenig aufpassen. Liegt dieses Meßfeld nämlich auf einem Detail in einer anderen als der gewünschten Entfernung, kann die Kamera nur etwas tun, was nicht in Ihrem Sinn liegt.

Doch was tun Sie, wenn jenes Detail, das scharf abgebildet werden soll, nicht ausgerechnet in der Bildmitte erscheinen soll? Ganz einfach: Zunächst bringen Sie das Meßfeld mit der Zielebene zur Deckung und tippen den Auslöser an. Die Kamera stellt scharf. Nun halten Sie den Auslöser angetippt – die Einstellung bleibt erhalten, sie wird gespeichert. Mit dem Finger auf dem Auslöser schwenken Sie die Kamera auf den gewünschten Bildausschnitt (bei dem das Meßfeld dann auf einem Detail in anderer Entfernung liegt) – und lösen aus. Fertig. »Ersatzmessung« nennt man dieses Verfahren.

Im Bereich bis zu 9 m hilft dem AF-System gegebenenfalls ein Hilfsilluminator, der infrarote Meßblitze auf das Motiv wirft, mit deren Hilfe die Kamera wie gewohnt automatisch scharfstellen kann.

Sobald Sie nach einer Fokussierung den angetippten Auslöser freigeben, beginnt das Spiel von neuem. Das Objektiv verharrt zunächst in der letzten Einstellung. Jeder neue Druck auf den Auslöser führt allerdings zur Neueinstellung auf das Detail, das sich dann gerade mit dem Meßfeld deckt. Das heißt, Sie haben es in der Hand, blitzschnell auf eine andere Entfernungsebene zu fokussieren. Solange Sie den Auslöser nicht zur Belichtung voll durchdrücken, passiert außer der schnellen Neueinstellung des Objektivs nichts. Die Auslösung ist übrigens erst möglich, wenn ein Signalton hörbar wird und die grüne Lampe im Sucher erfolgreiche Scharfeinstellung mel

Unter dem Sucherbild leuchtet der Schärfenindikator, sobald die Entfernung automatisch eingestellt ist. Sollte dem AF-System eine Einstellung auf das vom AF-Meßfeld erfaßte Detail unmöglich sein, blinkt der Schärfenindikator.

*Erfaßt das AF-Meßfeld
unterschiedliche Entfer-
nungsebenen, heißt es
aufpassen, denn die
Kamera kann nicht
ahnen, um welche Ebene
es Ihnen nun geht. Hier
wurde das Meßfeld ein
wenig nach rechts ver-
schoben, so daß es ein-
deutig auf dem Gesicht
des Mädchens lag. Mit
angetipptem Auslöser
wurde die Kamera dann
zur Auslösung auf den
endgültigen Ausschnitt
geschwenkt.*

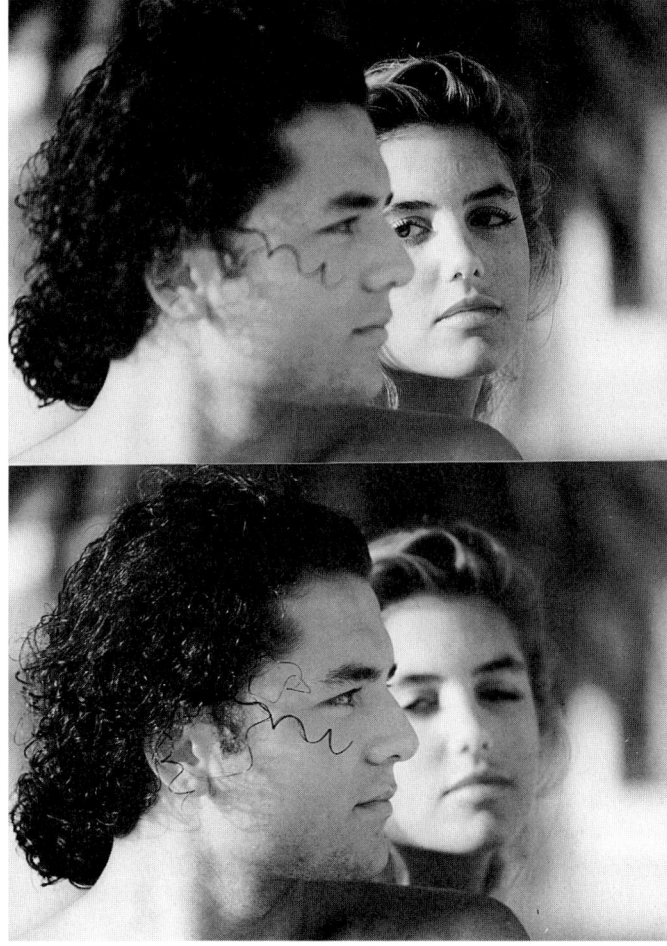

*Hier lag das Meßfeld auf
dem Gesicht des Man-
nes.*

det. Solange diese Lampe blinkt, bleibt der Auslöser gesperrt, damit Sie nicht versehentlich eine unscharfe Aufnahme belichten können.

Wenn Sie jetzt ein wenig üben, werden Sie feststellen, daß die EOS äußerst flink und zuverlässig scharfstellt. Sie tut dies sogar bei recht schwacher Beleuchtung noch, wenn im Sucher schon längst das blinkende Kamerasymbol darauf hinweist, daß die Aufnahme ohne Blitz verwackelt werden wird oder in den entsprechenden Programmen automatisch das eingebaute Blitzgerät ausfährt. Zunächst ist das Meßsystem außerordentlich empfindlich, kommt also auch mit wenig Licht noch aus. Dank ihres eingebauten Hilfsilluminators (jener roten Leuchtdiode an der Vorderseite, die auch in den letzten beiden Sekunden des Selbstauslöserablaufs blinkt) »sieht« das AF-

System der EOS 100 jedoch auch unterhalb seiner normalen Ansprechschwelle noch bis auf runde 9 m: Der Hilfsilluminator wirft in diesem Fall Meßblitze auf das Objekt, die dem Autofokus die Scharfeinstellung ermöglichen. Mit anderen Worten, Sie können theoretisch sogar bei völliger Dunkelheit fotografieren (obwohl dann natürlich ein wenig Glück dafür sorgen muß, daß das Meßfeld gerade auf jenem Detail liegt, das Sie scharf haben möchten).

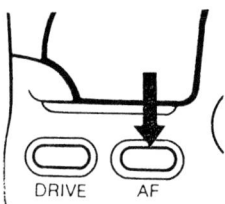

In den Kreativprogrammen (oberer Bereich der Wählscheibe) führt ein Druck auf die AF-Taste zum Wechsel der AF-Betriebsart.

Schärfenpriorität (ONE SHOT)

Die EOS 100 kennt zwei grundlegende Betriebsarten der automatischen Scharfeinstellung. Als »normal« gilt dabei die sogenannte Schärfenpriorität, die Canon mit der Bezeichnung ONE SHOT belegt. Hierbei wird die Entfernung beim Antippen des Auslösers eingestellt. Eine Auslösung ist erst möglich, nachdem die Scharfeinstellung abgeschlossen ist. Der bis dahin gesperrte Auslöser verhindert, daß Sie unscharfe Aufnahmen belichten können.

Was diese Betriebsart so wertvoll macht, ist die Tatsache, daß die Einstellung gespeichert bleibt, solange sie den Auslöser angetippt halten. Auf diese Weise läßt sich blitzschnell auf ein beliebiges Detail fokussieren – und zur Auslösung auf einen anderen Ausschnitt schwenken, ohne daß sich die Einstellung ändern würde. Denn schließlich wollen Sie Ihre Bilder ja »komponieren« und das für die Scharfeinstellung maßgebliche Objekt nicht permanent genau in der Bildmitte anordnen. Die Speicherung bei angetipptem Auslöser gilt übrigens ebenso für die Belichtungseinstellung.

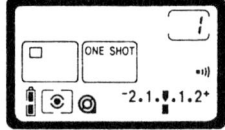

Die Grundbetriebsart des Autofokus-Systems ist ONE SHOT (Schärfenprioräт).

Eine Änderung der Autofokus-Betriebsart ist nur in den Kreativprogrammen möglich. In den vollautomatischen Programmen gibt die Kamera auch die AF-Betriebsart vor. Im Normalfall sollte im rechten (grünen) der beiden permanent im LCD-Monitor sichtbaren Kästchen bei eingeschalteter Kamera – in den Kreativprogrammen – ONE SHOT sichtbar sein. Sollte dies nicht der Fall sein, genügt ein Druck auf die vor dem Monitor angeordnete Taste AF zur Schaltung auf diese Betriebsart.

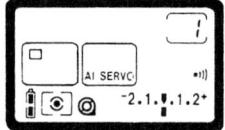

Bei Einstellung auf AI SERVO wird die Schärfe bei bewegten Objekten automatisch nachgeführt, solange der Auslöser angetippt gehalten wird. Die Auslösung ist in diesem Fall jederzeit möglich, also auch bei erfolgter Scharfeinstellung. Deshalb spricht man bei dieser Betriesart von Auslösepriorität.

Auslösepriorität (AI SERVO)

Druck auf die AF-Taste führt – in den Kreativprogrammen – zur Umschaltung auf Auslösepriorität, und im rechten Kästchen des Monitors erscheint AI SERVO, wobei das »AI« für »artificial intelligence« steht, für künstliche Intelligenz also. Was es damit auf sich hat, werden wir anschließend sehen.

In AI SERVO ist jederzeitige Auslösung möglich

In dieser AF-Betriebsart wird die Schärfe bei bewegten Objekten laufend nachgeführt – solange Sie den Auslöser angetippt halten, versteht sich. Der Auslöser ist stets frei. Mit anderen Worten, Sie können auch unscharfe Bilder produzieren, wenn Sie vor vollzogener Fokussierung auslösen. Der Vollzug der Scharfeinstellung wird bei AI SERVO übrigens nicht durch einen Signalton bestätigt.

Es liegt auf der Hand, daß sich diese Betriebsart besonders zur Kombination mit Reihenbildern eignet. Auch bei Einzelbildschaltung ist sie jedoch von Vorteil, wenn Sie einmal in »feindlicher Umgebung« möglichst unauffällig und schnell schnappschießen möchten. Dann bleibt meist keine Zeit mehr für sorgfältige Ausschnittwahl. Man wird die Kamera nur blitzschnell ans Auge nehmen – und auch schon auslösen. Mit Auslösepriorität haben Sie dabei eine größere Chance, zu brauchbaren Aufnahmen zu gelangen als mit Schärfenpriorität, bei der Ihnen möglicherweise ein gesperrter Auslöser einen dicken

Zur Erfassung schneller Bewegungen eignet sich Auslösepriorität (AI SERVO) am besten. Dabei berechnet die Kamera sogar die Entfernung, in der sich das Objekt zum Zeitpunkt der effektiven Belichtung befinden wird und stellt auf diese Entfernung ein. (Denn zwischen Auslösung und Verschlußablauf vergeht zwangsläufig ein Sekundenbruchteil, in dem der Spiegel hochgeklappt und die Blende auf Arbeitsöffnung geschlossen werden muß.)

Strich durch die Rechnung macht. Denn für genaues »Zielen« mit dem AF-Meßfeld bleibt in einer solchen Situation keine Zeit.

Nachdem die Schärfe bei Auslösepriorität nicht gespeichert wird, ist die zuvor beschriebene Ersatzmessung folglich nicht möglich, weshalb sich AI SERVO nur schlecht für statische Motive eignet.

Die Belichtung stellt die Kamera in Auslösepriorität unmittelbar vor dem Verschlußablauf ein, so daß sie dem jeweils aktuellen Bildausschnitt entspricht.

Wenn Sie zwischendurch auf eines der vollautomatischen Programme schalten, wird AI SERVO gelöscht, und nach der Rückstellung befindet sich die Kamera wieder in der Normalstellung ONE SHOT. All dies können Sie bequem im Monitor verfolgen. In den vollautomatischen Programmen zeigt Ihnen der Monitor ebenfalls die mit der Programmwahl automatisch eingestellte Vorgabe.

Die Schärfenfalle

Bei Auslösepriorität kommt zu der reinen Schärfennachführung bei bewegten Objekten noch etwas hinzu, was Canon zu der Behauptung hinreißt, die Kamera sei »künstlich intelligent«. Bei Objekten nämlich, die sich steil auf die Kamera zu oder von ihr weg bewegen, nimmt die Kamera gewissermaßen eine Hochrechnung vor: Sie ermittelt, in welcher Entfernung sich das Objekt zum präzisen Zeitpunkt der Belichtung befinden wird, und stellt auf diese Entfernung scharf. Denn zwischen dem Augenblick, in dem Sie den Auslöser voll durchdrücken und der eigentlichen Belichtung vergeht zwangsläufig noch ein Sekundenbruchteil, in dem die Kamera die Blende auf den ermittelten Wert schließt und den Spiegel hochklappt. Bei schnellbewegten Objekten reicht dies aus, das Motiv – insbesondere beim Einsatz langer Brennweiten – buchstäblich aus der Schärfe laufen zu lassen. Mit der auf AI SERVO geschalteten EOS 100 kann Ihnen das nicht mehr passieren.

In Aufnahmerichtung bewegte Objekte laufen nicht mehr aus der Schärfe

Visuelle Scharfeinstellung von Hand

Das Wichtigste an einer Automatik ist stets der Ausschalter. Das mag etwas unfreundlich klingen, doch es ist absolut realistisch und sollte durchaus positiv gesehen werden. Denn eine Automatik kann eben – zumindest beim heutigen Stand der Dinge – nicht denken. Sie kann nicht ahnen, was Ihnen gerade vorschwebt oder wie ungeeignet die jeweiligen Verhältnisse für das betreffende Funktionsprinzip gerade sein mögen. Und so wird der Ausschalter gewissermaßen zur Notbremse, wie sie der TÜV seit eh und je vorschreibt.

Versteifen Sie sich nicht unbedingt auf Autofokus

Es gibt nur wenige Objektive im EF-Programm, die diesen segensreichen Ausschalter nicht besitzen. Und allein deswegen sollten Sie einen großen Bogen um sie machen. Denn fahren Sie Ihr Auto ohne Notbremse? Diese Objektive sind »so automatisch«, daß sie den Zusatz »A« tragen. Auch das Motorzoom EF 1:4-5,6/35-80 mm ist nicht abschaltbar.

Bei einem »normalen« EF-Objektiv genügt nach Abschaltung von AF am Objektiv eine Drehung an dessen Entfernungsring zur Fokussierung auf der Mattscheibe des Suchers. Der hervorragende Canon-Sucher zeigt Ihnen dabei mit hoher Brillanz präzise, wo die Schärfenebene liegt. Je länger die Objektivbrennweite, um so leichter wird die optische Scharfeinstellung im Sucher wegen der damit verbundenen, geringeren Schärfentiefe. So empfiehlt es sich, ein Zoomobjektiv vor der Scharfeinstellung auf längste Brennweite zu fahren und erst anschließend auf den gewünschten Ausschnitt zu zoomen.

Die manuelle Scharfeinstellung ist grundsätzlich auch bei einer AF-Kamera nicht uninteressant, denn erstens gibt es Grenzfälle, in denen eine automatische Einstellung nicht möglich ist, und zweitens kann es wünschenswert sein, *außerhalb* der Bildmitte (in der das AF-Meßfeld liegt) zu fokussieren, vielleicht in der Nahfotografie vom Stativ.

Wenn Autofokus am Ende ist...

Sie haben es schnell ausprobiert: Richten Sie das Meßfeld auf eine völlig strukturlose, monotone Fläche. Damit bringen Sie das Autofokus-System in Nöte. Denn es lebt vom Vergleich winziger Bilddetails. Doch was soll es vergleichen, wenn da gar keine Details sind? Also bleibt der Auslöser gesperrt, und das Objektiv scheint zu spinnen. Allerdings: Im Bereich bis etwa 9 m können nicht einmal strukturlose Flächen dem AF-System der EOS 100 etwas anhaben, denn ihr Hilfsilluminator projiziert ausgeklügelte Linienmuster auf das Objekt – und AF ist geret-

Links: Bei strukturlosen Flächen kann das AF-System nichts vergleichen – und muß passen. Eine solche Fläche befindet sich in dieser Aufnahme am mittleren, unteren Bildrand. Die im streifenden Sonnenlicht liegenden Hauswände bieten hingegen genügend Vergleichsmöglichkeiten für AF.

Rechts: Bei Gittern stellt AF natürlich auf diese und nicht auf den Hintergrund ein, so daß Sie – soll die Schärfe in einer Ebene hinter dem Gitter liegen – AF abschalten und nach dem Mattscheibenbild von Hand einstellen müssen.

tet. Bei intensivem Probieren werden Sie feststellen, daß dies nur dann versagt, wenn die strukturlose Fläche sehr hell ist. Dann überstrahlt nämlich die vorhandene Helligkeit die Meßblitze der Kamera – und sie sieht doch nichts.

Oder richten Sie das Meßfeld auf den blanken Himmel – dasselbe Ergebnis. Abhilfe? Ganz einfach: Wenn Sie z.B. den Horizont – sehr lobenswert – in das untere Bilddrittel legen möchten, um eine imposante Himmelsstimmung zu betonen, tippen Sie den Auslöser zuvor mit leicht nach unten geschwenkter Kamera an, so daß das Meßfeld die Landschaft in der Ferne erfaßt. Dann schwenken Sie – den Auslöser nach wie vor angetippt – auf den endgültigen Ausschnitt und lösen aus. Eine Ersatzmessung also, wie zuvor beschrieben.

Der Horizont gehört nicht in die Bildmitte

Ein weiterer Fall ist denkbar: die Überlagerung verschiedener Entfernungsebenen innerhalb des Meßfeldes. Möchten Sie z.B. ein Tier hinter Gittern fotografieren, so ist das Gitter – näher als das eigentliche Motiv – im Weg. Die Kamera wird auf diese erste Ebene einstellen. Ähnlich ergeht es Ihnen, wenn sich als naher Vordergrund Zweige oder Blätter im Meßfeld befinden. Hier hilft nur AF abstellen und von Hand fokussieren.

Auch bei Stativaufnahmen kann die Abschaltung von AF von Vorteil sein, denn das für die Schärfe maßgebliche Detail wird nicht unbedingt genau in der Bildmitte – und damit in Deckung mit dem AF-Meßfeld – liegen. Hat man die Kamera jedoch sorgfältig ausgerichtet, möchte man diese Einstellung nicht wieder zunichte machen, nur um mit Hilfe einer Ersatzmessung automatisch zu fokussieren. Da ist es wesentlich praktischer (und schneller), AF abzuschalten und die Schärfe visuell einzustellen.

Bei Stativaufnahmen ist Abschaltung von AF oft günstiger

Und schließlich bleibt zu bedenken, daß das AF-System ebenso von gleißend hellen Flächen oder Reflexen geblendet wird, wie unser Auge auch. Und dann kann es beim besten Willen »nichts sehen«. Meist läßt sich jedoch ein Ersatzobjekt in gleicher Entfernung finden, auf das automatisch fokussiert werden kann. Und wenn alle Stränge reißen, bleibt noch immer die Einstellung der Schärfe von Hand.

So halten Sie die Kamera

Vermutlich sehen auch Sie hin und wieder fern. Und wenn Sie Glück haben, exerziert man Ihnen dann in irgendeinem Spielfilm oder Werbespot vor, wie man *nicht* fotografieren sollte: Kamera einigermaßen lose in der Hand – und dann stürzt sich der Zeigefinger aus kühner Höh' auf den Auslöser und wuchtet ihn in die Kamera. Aufnahme.

So hat es keinen Zweck. Denn bitte halten Sie sich eines vor Augen: Wenn Sie absolut unscharfe Aufnahmen haben möchten, brauchen Sie die Kamera bei der Auslösung nur gründlich zu verreißen. Mit vornehm gespreizten Fingern verspricht die Fotografie nicht viel Erfolg. Was also sollten Sie tun?

Mit vornehm gespreizten Fingern verspricht die Fotografie wenig Erfolg

Stützen Sie für Queraufnahmen die linke, untere Ecke der Kamera auf der Daumenwurzel der linken Hand auf. Linker Daumen und Zeige- bzw. Mittelfinger umspannen das Objektiv. Der kleine Finger der linken Hand stützt die Kamera im rechten Drittel von unten ab. Die rechte Hand umfaßt den Handgriff.

Richtige Kamerhaltung ist ausschlaggebend für scharfe Bilder. Üben Sie ruhig ein wenig vor dem Spiegel, bis Sie die EOS richtig im Griff haben.

Für Hochaufnahmen stützen Sie die linke Seite der Kamera auf dem linken Handteller ab. Die Finger umspannen wiederum das Objektiv. Die rechte Hand bleibt unverändert.

Der rechte Zeigefinger liegt auf dem Auslöser. Und dieses »Liegen« meine ich wörtlich! Der Finger hat stets Kontakt mit dem Auslöser und verändert lediglich den Druck. Er wird folglich weder nach einer Auslösung hochgerissen, noch stürzt er sich zur Auslösung auf den Auslöser herab! Der Übergang von der ersten zur zweiten Stufe des Auslösers erfordert sowieso ein wenig Feingefühl, und gelegentlich mag es geschehen, daß Sie eine Belichtung auslösen, obwohl Sie den Auslöser eigentlich nur antippen wollten.

Richtige Kamerahaltung sorgt für scharfe Bilder

Mit einer vernünftigen Kamerahaltung können Sie die Schärfe Ihrer Aufnahmen entscheidend verbessern. Freilich, nach einem kleinen Dauerlauf, mit fliegendem Puls, können Sie keine ruhige Hand mehr erwarten. Stützen Sie sich deshalb lieber irgendwo ab. Oder spreizen Sie die Beine leicht, ein Bein etwas vorgeschoben. Und dann ist es kein schlechter Gedanke, im Moment der Auslösung die Luft anzuhalten – genauso, wie es die Schützen tun. Denn je ruhiger die Kamera im Augenblick der Belichtung steht, um so besser können die hochkorrigierten Canon-Objektive ihre hervorragende Leistung unter Beweis stellen.

Jetzt legen wir einen Film ein

Nachdem wir die grundlegende Bedienung der Kamera inzwischen beherrschen, können wir zur Tat schreiten und einen Film einlegen.

Ein nach unten gerichteter Druck auf die Entriegelung an der linken Kameraseite öffnet die Rückwand. Im Schatten, den Sie notfalls dadurch schaffen, daß Sie der Sonne den Rücken zuwenden, legen Sie die Filmpatrone so auf der linken Seite ein, daß die vorstehende Achse nach unten zeigt und die rote Achse im Patronenfach eindrückt. (Doch Vorsicht! Hüten Sie sich, den empfindlichen Verschlußlamellen im Bildfenster dabei zu nahe zu kommen! Vermeiden Sie ferner jede Berührung

Legen Sie den Film stets im Schatten ein!

Die Filmzunge muß bis an die Farbmarke auf der rechten Seite reichen. Wenn Sie die Rückwand schließen, darf der Film keinen Buckel bilden.

der Filmführung und der Filmandruckplatte.) Dann ziehen Sie den Filmanfang gerade weit genug heraus, daß er bis zur Farbmarkierung auf der gegenüberliegenden Seite reicht. Er muß dabei plan auf der Führung liegen und darf keinen Buckel bilden. Sollten Sie ihn zu weit herausgezogen haben, nehmen Sie die Filmpatrone noch einmal heraus und drehen die Spulenachse von Hand ein wenig zurück.

Schließen Sie die Rückwand, die auf Druck einrastet. Die Kamera spult den Film automatisch bis zur ersten Aufnahme vor, und im LCD-Monitor erscheint im Bildzähler in der rechten oberen Ecke die Bildnummer »1«. Daß sich nunmehr ein Film in der Kamera befindet, erkennen Sie ferner am Filmpatronensymbol im Monitor. (Zudem ist der Filmtyp durch das Fenster in der Kamerarückwand ablesbar.) Sollte das Patronensymbol im

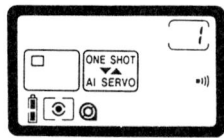

Nachdem die Kamera den Film automatisch eingefädelt hat, erscheinen im Bildzähler »1« und – sofern alles in Ordnung ist – das Filmpatronensymbol, das für eingelegten Film steht. Sollte dieses Symbol blinken, müssen Sie den Vorgang wiederholen.

Durch das Fenster in der Kamerarückwand läßt sich jederzeit ermitteln, ob ein Film eingelegt ist und um welches Material es sind handelt.

Teilbelichtete Filme können jederzeit durch manuelle Auslösung des Rückspulvorgangs zurückgespult werden. Dies geschieht durch einen Druck auf die versenkte Taste an der rechten Seite der Kamera.

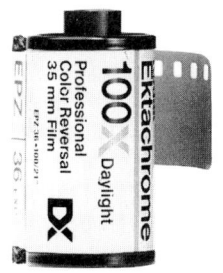

Moderne Filme tragen auf der Filmpatrone einen Magnetcode, über den sich die Kamera Klarheit über Filmempfindlichkeit, Filmlänge und weitere Daten verschafft.

Monitor blinken, wurde der Film nicht vorgespult, und Sie müssen den Einlegevorgang wiederholen. Der Auslöser bleibt in diesem Fall praktischerweise gesperrt. Den Filmtransport nach jeder Auslösung besorgt die Kamera automatisch. Jetzt sind Sie schußbereit.

Nach der letzten Aufnahme wird der Film automatisch voll in die Patrone zurückgespult, und das Patronensymbol auf dem Monitor blinkt. Jetzt können Sie die Rückwand – wiederum im Schatten – öffnen und den Film entnehmen. Geben Sie ihn möglichst bald zur Entwicklung, denn längere Lagerung nach der Belichtung kann zu Farbverschiebungen führen.

Die Rückspulung teilbelichteter Filme ist leicht bewerkstelligt: Ein Druck auf die versenkt angeordnete Taste unter dem Strichcode-Empfänger an der rechten Seite der Kamera setzt die Rückspulung in Gang. Allerdings – und das ist eine unverständliche Schwäche der EOS 100! – wird der Filmanfang voll in die Patrone gespult. Zwar bietet die EOS 100 wahlweise programmierbare Funktionen, doch entgegen ihren Vorgängern gestattet sie keine Umprogrammierung auf »Filmzunge außerhalb Patrone«. Und damit ist ein eventuelles Wiedereinlegen nur möglich, nachdem Sie den Filmanfang mit einem im Handel erhältlichen Zubehör wieder aus der Patrone gefischt haben.

Und warum sollten Sie den Film wieder einlegen wollen? Nun, vielleicht hatten Sie normalempfindliches Material in der Kamera, als Ihnen das Licht ausging. Und Sie mußten auf hochempfindlichen Film ausweichen. Den teilbelichteten »Normalen« spulen Sie dann – nach der automatischen Vorwicklung – bei aufgesetztem Objektiv- oder Gehäusedeckel und von Hand eingestellter 1/4000 s auf den vorherigen Zählwerksstand zurück. Geben Sie jedoch eine Bildlänge zu, damit Überlappungen ausgeschlossen sind.

Die Filmempfindlichkeit

Jeder Film erzeugt nur dann brauchbare Bilder, wenn er einer ganz bestimmten Lichtmenge ausgesetzt wird. Man spricht von seiner »Lichtempfindlichkeit«. Folglich muß die Kamera die auftreffende Lichtmenge mit Hilfe von Blende und Verschlußzeit entsprechend dosieren. Zuvor jedoch muß sie wissen, wie empfindlich der eingelegte Film denn nun eigentlich ist.

Im Normalfall können Sie die Filmempfindlichkeit vergessen, denn fast alle modernen Filme sind DX-codiert. (Die entsprechende Angabe finden Sie auf der Filmschachtel und der

Filmpatrone.) Das heißt, spezielle Kontakte im Patronenfach der Kamera tasten die Filmpatrone ab, so daß die Kamera stets genau im Bilde ist, welches Material eingelegt ist. Diese automatische Einstellung erfolgt im Bereich von ISO 25/15° bis ISO 5000/38°. Beim Filmeinlegen wird die automatisch eingestellte Empfindlichkeit für wenige Sekunden im Monitor angezeigt. Sie können sie jedoch jederzeit in den Monitor zurückrufen, indem Sie die Wählscheibe auf »ISO« drehen.

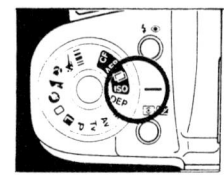

Zur manuellen Einstellung der Filmempfindlichkeit dreht man die Wählscheibe auf »ISO«.

Von Hand kann die Empfindlichkeit in eben jener Stellung der Wählscheibe im Bereich von ISO 6/9° bis ISO 6400/39° eingestellt werden, so daß auch nichtcodierte Filme verwendet werden können und zudem ein erweiterter Bereich zur Verfügung steht. Die Einstellung selbst erfolgt mit dem Einstellrad.

Die manuelle Einstellung kann sich auch dann empfehlen, wenn Sie Ihren »Leib-und-Magen-Film« lieber generell ein wenig kürzer oder länger belichten möchten, wie es zum Beispiel der Profi oft tut. Denn selbst bei DX-codierten Filmen hat die Handeinstellung Vorrang, läßt sich folglich jederzeit zur Belichtungskorrektur heranziehen. Allerdings bleibt zu beachten, daß eine Handeinstellung gelöscht wird, wenn Sie anschließend einen DX-codierten Film einlegen.

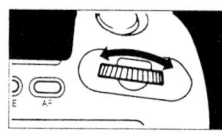

Mit dem Einstellrad kann dann die gewünschte Empfindlichkeit eingestellt werden.

Welcher Film überhaupt?

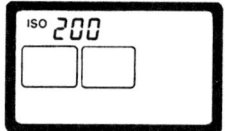

Im LCD-Monitor wird die Filmempfindlichkeit angezeigt.

Mit dem Kauf eines Films treffen Sie eine folgenschwere Entscheidung: Welches Material – und die Auswahl ist wahrlich groß genug – ist für den gedachten Zweck am besten geeignet? Steht Ihnen der Sinn nach Papierbildern oder nach Diapositiven? Wollen Sie bei Tageslicht fotografieren oder mit Kunstlicht? Diese Fragen ließen sich noch lange fortsetzen.

Wenn wir zunächst einmal von der Farbfotografie ausgehen, so lautet die Grundsatzentscheidung: Aufsichtsbild oder Dia? Erstaunlicherweise hält sich das Farbdiapositiv eigentlich nur noch auf dem deutschen Markt. Überall sonst in der Welt hat es angesichts der »Papierkonkurrenz« längst die Waffen gestreckt. Warum? Nun, die Deutschen sehen eben doch wohl mehr auf Qualität als die meisten anderen. Und ein Dia bleibt in dieser Beziehung unbestrittener Sieger. Allein schon die Größe eines projizierten Bildes läßt Papierbilder hoffnungslos verblassen. Dabei spielt gerade das Größenverhältnis eine entscheidende Rolle für die Wirkung eines jeden Bildes: Eine normale Albumvergrößerung ist ein klitzekleiner Abklatsch der Wirklichkeit, viel zu klein, um vom Auge als realistisch akzeptiert zu werden. Sie bleibt eine »Miniatur« – sicher nicht schlecht, doch eben kein überzeugendes, beeindruckendes Abbild der Realität.

Ausreichende Vergrößerung ist entscheidend für die Bildwirkung

**Vorteile
des Diapositivs**

● Unverfälschtes Unikat, das sich keinem zweiten optochemischen Bearbeitungsvorgang unterziehen muß.
● Hervorragende Eignung für die Ermittlung der Leistungsfähigkeit einer Ausrüstung.
● Vergleichsweise hohe Auflösung.
● Wiedergabe feinster Tonwerte und Farbnuancen.
● »Aktives« Licht, beigesteuert durch die Projektionslampe.
● Realistische Größenverhältnisse, die das Auge überzeugen.
● Größere Plastik als beim Aufsichtsbild.
● Hervorragende Druckvorlagen.

**Vorteile
des Negativs**

● Gestattet die Herstellung beliebig vieler Vergrößerungen.
● Papierbilder sind jederzeit leicht vorzeigbar, bequem »in die Tasche zu stecken«, zur buchförmigen Zusammenfassung in Alben geeignet.
● Ausschnittvergrößerungen sind leicht möglich.
● Durch Nachbearbeitung können besondere Effekte erzielt werden.
● Aufsichtsbilder eignen sich zur Einbeziehung in Texte ebenso wie zur bequemen Archivierung.

Während ein Papierbild seine »Lichter« mitbringen muß – und allein deswegen schnell flau wirkt –, wird ein Dia vom Licht der Projektionslampe durchstrahlt. Es wird gewissermaßen von einer Ersatzsonne auf der Leinwand zum Leuchten gebracht. Dabei vermag es vielfach feinere Nuancen wiederzugeben als ein Aufsichtsbild. Und bei einem gut gestalteten Bild blickt der Betrachter wie durch ein Fenster auf eine glaubwürdige, reale Szene.

Freilich, die Projektion fordert nicht nur einige Vorbereitungen von Ihnen, sondern auch die Anschaffung eines guten (!) Projektors und einer Projektionswand. Gerade am Projektionsobjektiv dürfen Sie nicht sparen, denn was nützen Ihnen die schärfsten Canon-Dias, wenn das Projektionsobjektiv nur die Hälfte der Qualität auf die Leinwand bringt? Dafür haben Sie jedoch eigenhändig alles »unter Kontrolle« – und kein Printer kann Ihren Bildern etwas anhaben. Eben weil dies so ist, sind Dias auch das einzige Mittel zu einer vernünftigen Prüfung der generellen Qualität Ihrer Ausrüstung. Papierbilder sind hierfür völlig untauglich, denn bei der Vergrößerung können sie völlig verfälscht werden. In keinem Fall sind sie ein Originalprodukt.

An die Belichtungsgenauigkeit stellt Diafilm wesentlich höhere Anforderungen als Farbnegativfilm – sein Belichtungsspielraum ist weitaus geringer. Entweder die Belichtung »sitzt«, oder die Dias werden zum Ausschuß. Eine gewisse Unterbelichtung ist dabei noch erträglich. Überbelichtung hingegen macht ein Dia unbrauchbar. Deshalb belichtet man Diafilm generell »auf die Lichter«, d.h. die hellen Motivteile, Negativfilm hingegen auf die Schatten. Beim letzteren Material spielt eine gewisse Über- oder Unterbelichtung keine so große Rolle, wenngleich die besten Ergebnisse natürlich noch immer von einem präzise belichteten Negativ kommen.

Sollten Sie übrigens an eine Veröffentlichung im Druck denken, kommen fast ausschließlich Diapositive in Frage. So stammen auch fast alle Farbbilder in diesem Buch von Diapositiven. Natürlich kann man auch von Aufsichtsbildern Lithos anfertigen, doch wird die Qualität im Druck deutlich gegen Bilder abfallen, die von Farbdias gewonnen wurden.

Nachdem Sie sich entweder für einen Negativfilm (für Papierbilder) oder einen Umkehrfarbfilm (für Diapositive) und – beim letzteren – wahrscheinlich für Tageslichtmaterial entschieden haben, bleibt die Frage der Empfindlichkeit. Völlig unsinnig wäre es nämlich, schlicht »irgendeinen« Film zu kaufen. Für alle normalen Aufgaben sind Sie mit mittelempfindlichem Material zweifellos am besten bedient. Hierunter versteht man heute eine Empfindlichkeit von ISO 100/21°. Dieses

Material ist inzwischen so ausgereift, daß z.B. Kodacolor Gold 100 hervorragende Ergebnisse bringt, die dem Papierbild zum erstenmal wesentliche Nachteile gegenüber dem Dia nehmen. Für den absoluten Schärfenfanatiker gibt es inzwischen Kodak Ektar sowie Ektapress, der die derzeit größtmögliche Schärfe im Aufsichtsbild bietet, was sich freilich erst richtig auswirkt, wenn Sie Ihre Negative stark vergrößern.

Bei den Diafilmen bietet sich für den Schärfenfanatiker nach wie vor Kodachrome 25 mit ISO 25/15° an, als Universal-

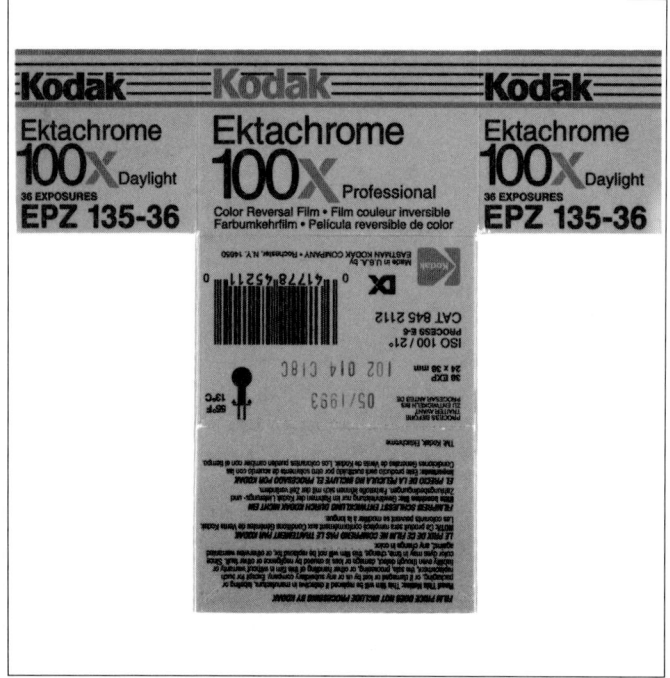

Die Filmpackung gibt Auskunft über alle wichtigen Daten wie Emulsionsnummer, Verfalldatum, Empfindlichkeit und Zahl der zur Verfügung stehenden Aufnahmen. Darüber hinaus sagt sie aus, ob der Film DX-codiert ist und die Empfindlichkeitseinstellung in der Kamera somit automatisch erfolgt.

film hingegen Kodachrome 64 mit ISO 64/19° oder aber Ektachrome 100 HC bzw. X mit ISO 100/21°, in seiner verbesserten Form mit überzeugender Leistung.

Wenig sinnvoll wäre es, für die tägliche Fotografie generell zu höchstempfindlichem Film zu greifen, etwa zu einer Empfindlichkeit von ISO 1600/33°. Wenngleich z.B. der entsprechende Ektapress-Film Hervorragendes leistet, kann er zwangsläufig in bezug auf Auflösungsvermögen nicht mithalten mit mittelempfindlichen (oder gar niedrigempfindlichen) Filmen.

Niedrigempfindliche Filme wird man für Reproduktionen oder andere Sachaufnahmen wählen, die einen größtmöglichen Informationsinhalt erfordern, höchstempfindliche wie-

Liste der aktuellen Kleinbildfilme (135) von Kodak

Bezeichnung	Empfindlichkeit	Abk.	Randsignierung
AMATEURFILME			
FARBNEGATIVFILME			
Kodak Gold 100	ISO 100/21°	GA	5095
Kodak Gold 200	ISO 200/24°	GB	5096
Kodak Gold 400	ISO 400/27°	GC	5097
Ektar 25	ISO 25/15°	CH	5100
Ektar 100	ISO 100/21°	CW	5101
Ektar 1000	ISO 1000/31°	CJ	5110
FARBUMKEHRFILME			
Kodachrome 25	ISO 25/15°	KM	5073
Kodachrome 64	ISO 65/19°	KR	5032
Kodachrome 200	ISO 200/24°	KL	5001
Ektachrome 50 HC	ISO 50/18°	EM	5015
Ektachrome 100 HC	ISO 100/21°	EC	5009
Ektachrome 160	ISO 160/23°	ET	5077
Ektachrome 200	ISO 200/24°	ED	5076
Ektachrome 400	ISO 400/27°	EL	5074
PROFESSIONAL-FILME			
FARBNEGATIVFILME			
Vericolor III Prof., Type S	ISO 160/23°	VPS	5026
Ektacolor Gold 160 Prof.	ISO 160/23°	GPF	5124
Vericolor 400 Prof.	ISO 400/27°	VPH	5028
Ektapress Gold 400	von ISO 400/27° bis ISO 1600/33°	PPB	5113
Ektapress Gold 1600	von ISO 1600/33° bis ISO 6400/39°	PPC	5030
Ektar 25 Professional	ISO 25/15°	PHR	5327
FARBUMKEHRFILME			
Kodachrome 25 Prof.	ISO 25/15°	PKM	5073
Kodachrome 64 Prof.	ISO 64/19°	PKR	5032
Kodachrome 200 Prof.	ISO 200/24°	PKL	5002
Ektachrome 64 T Prof.	ISO 64/19°	EPY	5018
Ektachrome 64 Prof.	ISO 64/19°	EPR	5017
Ektachrome 64 X Prof.	ISO 64/19°	EPX	5025
Ektachrome 100 Prof.	ISO 100/21°	EPN	5012
Ektachrome 100 Plus Prof.	ISO 100/21°	EPP	5005
Ektachrome 100 X Prof.	ISO 100/21°	EPZ	5024
Ektachrome 160 Prof.	ISO 160/23°	EPT	5037
Ektachrome 200 Prof.	ISO 200/24°	EPD	5036
Ektachrome P800/1600 Prof.	ISO 800/30° oder ISO 1600/33°	EES	5020
SCHWARZWEIßFILME			
PLUS-X Pan	ISO 125/22°	PXP	5062
TRI-X Pan	ISO 400/27°	TX	5063
T-MAX 100 Prof.	ISO 100/21°	TMX	5052
T-MAX 400 Prof.	ISO 400/27°	TMY	5053
T-MAX 3200 Prof.	von ISO 400/27° bis ISO 25000/45°	TMZ	5054
INFRAROTFILME			
Kodak High Speed Infrarot	ISO 50/18° oder ISO 125/22°	HIE	2481
Ektachrome Infrarot	ISO 200/24°	IE	2236

derum für die Available-Light-Fotografie oder allgemein ungünstige Lichtverhältnisse, für Innenaufnahmen sowie für den Einsatz langer Brennweiten, die einmal an geringere Objektivlichtstärke gebunden sind, zum anderen kurze Belichtungszeiten voraussetzen, die allein bei Aufnahmen aus der Hand scharfe Aufnahmen garantieren. Bei normalen Lichtverhältnissen würde Sie hingegen höchstempfindliches Material stets in sehr kleine Blenden und sehr kurze Verschlußzeiten drängen – und damit entfiele gerade jener fotografische Gestaltungsspielraum, den uns Blende und Verschlußzeit geben.

ISO oder ASA?

Mit Abkürzungen sind wir ja reich gesegnet heutzutage. So reich gar, daß man schnell die Waffen streckt, wenn man sich auf einem bestimmten Fachgebiet nicht genau auskennt.

Sollten Sie auf einer Filmschachtel ausnahmsweise nur die Angabe ASA finden und sich wundern, was das mit dem »ISO« auf dem Monitor der EOS zu tun hat, so seien Sie beruhigt. Der ISO-Wert setzt sich aus der früher im angelsächsischen Raum gebräuchlichen ASA-Zahl und der gleichfalls früher bei uns üblichen DIN-Empfindlichkeit zusammen.

Auf Geräten finden Sie heute sowieso nur noch die erste der beiden ISO-Zahlen, die dann kühn als »ISO« ausgegeben wird. Verständlich, daß man mit Raum geizen muß, doch unverständlich, daß man erst eine neue Norm schaffen muß, um sie sofort wieder zu kastrieren. Denn diese heute so genannte »ISO-Zahl« ist nichts weiter als der frühere ASA-Wert.

ASA	DIN	ISO	
12	12	12/12°	
16	13	16/13°	I
20	14	20/14°	
25	15	25/15°	
32	16	32/16°	
40	17	40/17°	
50	18	50/18°	II
64	19	64/19°	
80	20	80/20°	
100	21	100/21°	
125	22	125/22°	
160	23	160/23°	
200	24	200/24°	III
250	25	250/25°	
320	26	320/26°	
400	27	400/27°	
500	28	500/28°	
640	29	640/29°	
800	30	800/30°	
1000	31	1000/31°	
1250	32	1250/32°	IV
1600	33	1600/33°	
2000	34	2000/34°	
2500	35	2500/35°	
3200	36	3200/36°	

I = niedrigempfindliche Filme
II = mittel- oder normalempfindl. Filme
III = hochempfindliche Filme
IV = höchstempfindliche Filme

Gegenüberstellung der früher gebräuchlichen ASA- bzw. DIN-Werte für die Filmempfindlichkeit, die zusammengesetzt die heute gebräuchlichen ISO-Zahlen ergeben.

Die Belichtungsmessung

Bevor sich alles um Autofokus drehte, war es die Belichtung, die im Mittelpunkt des Interesses stand, denn strenggenommen ist es schließlich jene Dosis Licht, die das Bild auf dem Film hervorruft. Zwar ist schon eine beachtliche Zahl moderner Filme recht tolerant geworden gegenüber einem Zuviel oder Zuwenig an Licht, doch zum Beispiel bei Diafilmen bringt nach wie vor nur präzise Belichtung gute Ergebnisse.

Um die Hintergründe zu verstehen, sollten wir uns zunächst klarmachen, in welchen Punkten die Kamera anders »sieht« als unser Auge: Dieses tastet die Szene unermüdlich ab – und stellt dabei die »Belichtung« durch Öffnen oder Schließen der Pupille laufend nach – wir adaptieren. Die Kamera besitzt zwar

Gegenüberliegende Seite: Gegenlicht ist eine der reizvollsten Lichtrichtungen, die zu ungemein plastischen Bildern führt. Denn kräftige Kontraste, das Spiel von Licht und Schatten, bringen eine Pseudotiefe ins Bild, die es über seine unumgänglichen zwei Dimensionen hinauswachsen läßt.

auch eine »Pupille«, die Blende nämlich, doch eine fortlaufende Abtastung bleibt ihr verwehrt. Sie muß sich – meist in einem Sekundenbruchteil – auf eine Belichtung für das *gesamte* Bild festlegen. Und damit fangen die Probleme an.

Oft genug ist der Kontrast – der Unterschied zwischen Lichtern und Schatten im Bild – so groß, daß ihn der Film nicht mehr bewältigen kann. Folglich bleibt dem Fotografen nur ein Kompromiß. Er muß sich entweder für das eine oder das andere entscheiden. Belichtet er auf die Schatten, werden die Lichter ausgefressen. Belichtet er auf die Lichter, saufen die Schatten ab, wie man in der Fachsprache sagt.

Besondere Lichtverhältnisse oder starke Kontraste stellen das Belichtungsmeßsystem vor eine schwierige Aufgabe. Erst die Mehrfeldmessung entschärft diese Situation, natürlich in Grenzen. In Extremfällen bleiben Selektivmessung und Belichtungskorrektur bei mittenbetonter Integralmessung unentbehrlich.

Und noch etwas bleibt zu berücksichtigen: die Vorgabe für das Meßsystem, was es denn nun als »normal« ansehen soll. So eicht man die Belichtungsmesser moderner Kameras einheitlich auf 18 % Neutralgrau. Mit anderen Worten, eine neutralgraue Fläche, die 18 % des auftreffenden Lichts reflektiert, wird im Bild mit gleicher Dichte wiedergegeben.

Doch nun schauen Sie sich mal die Praxis an. Da steht ein winziges Männlein verloren in einer in gleißendes Licht getauchten Schneelandschaft. Der Belichtungsmesser ist ein sturer Beamter. Für ihn ist das, was man ihm da vorsetzt, 18 % Neutralgrau. Logisch, daß bei dieser Vorgabe eine saftige Unterbelichtung herauskommt, denn der Belichtungsmesser trimmt den weißen Schnee auf »Neutralgrau«.

Oder Sie fotografieren eine in einem schmalen Lichtkegel stehende Person auf der Bühne, umgeben von einem großen, schwarzen Umfeld. Und wieder mischt der Belichtungsmesser das Hell und Dunkel, zieht den Durchschnitt und sieht ihn als 18 % Neutralgrau an. So zeigt sich das Bild: Die Person im Lichtkegel überbelichtet, das schwarze Umfeld aufgehellt, grau.

Extreme kann der Belichtungsmesser nicht verarbeiten

Das sind die Sorgen des Fotografen. Sie zu lindern, hat die Industrie sich einiges einfallen lassen. Man entwickelte die unterschiedlichsten Meßcharakteristika, jene Verteilung der Zonen verschiedener Empfindlichkeit, die letztlich zum Meßergebnis führen. Und man ging noch wesentlich weiter, wie wir gleich sehen werden.

Die EOS 100 hat drei verschiedene Meßcharakteristika zu bieten, zwischen denen Sie allerdings nur in den Kreativprogrammen frei wählen können. In den vollautomatischen Programmen im unteren Bereich der Wählscheibe werden Ihnen Fertiggerichte serviert, die sämtliche Zutaten bereits beinhalten.

Differenzierte Automatik – die Mehrfeldmessung

Bei der überwiegend eingesetzten Meßcharakteristik handelt es sich um eine Form der Mehrfeldmessung, die sich auf sechs Meßbereiche stützt. Jeder dieser Bereiche wird getrennt ausgemessen. Die Ergebnisse werden vom Kameracomputer mit ausgeklügelten Vorgaben verglichen. So kann die Kamera bei schwierigen Beleuchtungsverhältnissen das tun, was ein gewiefter Fotograf sonst als Eigenleistung beisteuert: korrigierend eingreifen. Bei Gegenlicht, zum Beispiel, wird sie automatisch für eine etwas längere Belichtung sorgen. Auch in den zuvor geschilderten Extremfällen wird sie sich bemühen, gegenzusteuern – allerdings nur in Grenzen. Denn wirkliche Extreme lassen sich auch mit Mehrfeldmessung nicht meistern. Immerhin, Ihre Trefferquote wird bei normalen Aufnahmen höher sein als ohne den »eingebauten Fachmann«.

Ein Druck auf die mit dem Rahmensymbol gekennzeichnete Taste führt zur Umschaltung der Meßcharakteristik.

Die Mehrfeldmessung ist primär für unbeschwertes Fotografieren mit Programm- oder Vollautomatik bestimmt, jedoch gleichermaßen für – beispielsweise – Blenden- oder Zeitautomatik geeignet. In der großen Mehrzahl der Fälle garantiert sie präzise Belichtung. Weniger gut geeignet ist sie, wenn Sie eine bewußte Belichtungskorrektur anbringen möchten, denn Sie wissen nicht, welche automatische Korrektur bereits in die Belichtungseinstellung eingegangen ist, so daß das Maß der erforderlichen, zusätzlichen Beeinflussung nur schwer kalkulierbar ist.

Bei eingeschalteter Mehrfeldmessung erscheinen auf dem Monitor zwei eckige Klammern mit der Andeutung des Selektivmeßfeldes und einem Punkt in der Mitte.

Bei eingeschalteter Kamera muß in der linken, unteren Ecke des Monitors – neben dem Batteriesymbol – das angedeutete Format mit Kreis und Punkt zu sehen sein, wenn Mehrfeldmessung gewählt ist. Sollte dies nicht der Fall sein, drücken Sie die mit demselben Symbol gekennzeichnete Taste neben der Wählscheibe und drehen gleichzeitig das Einstellrad, bis diese Anzeige herbeigeführt ist.

Blendend weiße Flächen wird die Kamera – zumindest auf dem belichtungskritischen Diafilm – ein wenig zu dunkel wiedergeben, denn die enorme Helligkeit gaukelt dem Meßsystem einfach zuviel Licht vor.

Ein Korrekturfaktor nach Plus (hier war es +1) stellt wieder normale Verhältnisse her: Weiß bleibt Weiß.

Für bewußte Steuerung:
die mittenbetonte Integralmessung

Immer mehr moderne Kameras kommen auf die gute, alte Integralmessung mit Mittenbetonung zurück, wie sie vor dem Zeitalter der Autofokus-Kameras gang und gäbe war. Hier verringert sich die Meßempfindlichkeit von der bildbestimmenden Mitte aus zunehmend zu den Rändern, so daß zum Beispiel das meist zu helle Himmelslicht kein Übergewicht bekommt. Diese Meßcharakteristik hat sich im Grunde gut bewährt, solange der Fotograf um ihre Grenzen weiß und in diesen Fällen bewußt gegensteuert.

Sie mögen sich fragen, wozu diese Meßcharakteristik gut sein soll, wenn Sie doch die Weiterentwicklung in Form der

Gegenüberliegende Seite: Bei einem Motiv wie diesem schalten Sie am besten auf Selektivmessung, die ein Hindurchzielen zwischen (für die Belichtung) bildunwichtigen Flächen auf den Hintergrund gestattet. Ansonsten würden die großen, dunklen Flächen zu einer Überbelichtung des Hintergrunds führen.

Mehrfeldmessung haben. Nun, für den engagierten Fotografen ist sie nach wie vor von großer Bedeutung. Sobald Sie nämlich die Belichtung bewußt in die eine oder die andere Richtung steuern, bietet die *nicht*korrigierte Messung günstigere Voraussetzungen. Denn die Korrektur wollen schließlich Sie selbst anbringen. Und dazu brauchen Sie bekannte Meßgrößen. Bei der Mehrfeldmessung wissen Sie nicht, welche Korrektur die Kamera letzten Endes einführt. Die mittenbetonte Integralmessung ist in diesem Sinn »unverfälscht« und folglich genau kalkulierbar. Hier können Sie auf der Grundlage dessen, was wir zur Eichung und zum Verhalten von Belichtungsmessern gesagt hatten, präzise entscheiden, in welche Richtung und um wieviel Sie gegensteuern sollten, um ein gewünschtes Ergebnis zu erzielen. Damit übernehmen Sie die Rolle des bei der Mehrfeldmessung »eingebauten Fachmanns« – mit dem Vorteil, daß Sie mit ein wenig Geschick noch feinfühliger reagieren können als die Automatik und auch stärkere Abweichungen leicht bewältigen.

Bei eingeschalteter mittenbetonter Integralmessung erscheinen auf dem Monitor die beiden eckigen Klammern ohne weitere Zeichen.

Gezielt belichten mit Selektivmessung

Für besonders kontrastreiche Szenen bietet Ihnen Canon die Selektivmessung über den im Sucher sichtbaren Kreis, der eine Fläche von etwa 6,5 % des Sucherfeldes einschließt. Und damit läßt sich die Belichtung schon sehr exakt auf kleine Details abstimmen, die bildbestimmend oder in ihrer Helligkeit repräsentativ für das Motiv sind. Der Auswahl der anzumessenden Fläche kommt dabei allerdings große Bedeutung zu, weshalb sich die Selektivmessung mit Sicherheit nicht für den Anfänger eignet. Er würde weitaus schlechtere Ergebnisse erzielen als selbst mit einer einfachen Belichtungsautomatik, denn

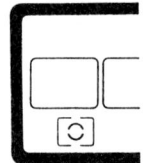

Bei eingeschalteter Selektivmessung ist innerhalb der eckigen Klammern das Selektivmeßfeld angedeutet.

Gegenlichtmotive mit extremen Kontrasten lassen sich mit Selektivmessung auf repräsentative Bildteile spielend meistern.

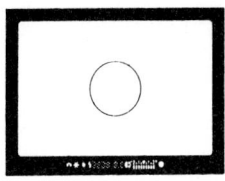

Im Sucher markiert der Kreis in der Mitte des Gesichtsfeldes jenen Bereich, der bei Selektivmessung erfaßt wird.

die 6,5 Prozent des Suchergesichtsfeldes verlangen eine genaue Entscheidung, welches Motivdetail der Belichtung zugrunde gelegt werden soll. Verfügen Sie jedoch über die nötige Sachkenntnis, um diese Entscheidung fachgerecht zu treffen, eröffnet die Selektivmessung ungeahnte Möglichkeiten.

Das Meßverfahren ist einfach: Bei eingeschalteter Kamera die Taste rechts unten neben der Wählscheibe drücken und das Einstellrad drehen, bis im Monitor neben dem Batteriesymbol nur noch das Format und der Selektivmeßkreis erscheinen. Dann den Selektivmeßkreis im Sucher mit dem ausgewählten Motivdetail zur Deckung bringen und Auslöser antippen. Damit wird der Meßwert gespeichert, und es fällt leicht, mit angetippt gehaltenem Auslöser auf den endgültigen Ausschnitt zu schwenken und auszulösen.

Die Schaltung auf Selektivmessung bleibt erhalten, auch wenn Sie die Kamera ausschalten (L). Drehen Sie die Wählscheibe hingegen auf eines der vollautomatischen Programme im unteren Bereich, wird die Schaltung gelöscht, und die Kamera steht neuerlich auf Mehrfeldmessung.

Belichtung vollautomatisch

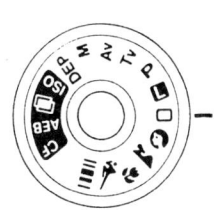

Schauen wir uns zunächst den unteren Bereich der Wählscheibe mit seinen automatischen Belichtungsprogrammen an. Wenn Sie die Wählscheibe auf das grüne Rechteck drehen, haben Sie die Kamera eingeschaltet – und dürfen (geistig) abschalten. In dieser Stellung vollzieht sich alles automatisch, und Sie haben kein Mitspracherecht.

Ein Blick auf den Monitor zeigt Ihnen bereits, was Sie erwartet: Zur Belichtungsautomatik (die der Programmautomatik (P) entspricht) gesellen sich Mehrfeldmessung, Einzelbildschaltung und eine Besonderheit, nämlich *beide* Spielarten der automatischen Scharfeinstellung, ONE SHOT und AI SERVO. Das heißt nichts anderes, als das die Kamera nach eigenem Ermessen zwischen »Ruhe« und »Bewegung« umschaltet, wenn sie die Letztere im Motiv wahrnimmt. Das Blitzgerät wird »bei Bedarf« automatisch zugeschaltet.

Und jetzt dürfen Sie lustig drauflosfotografieren, ohne sich – außer der Brennweiteneinstellung (eines Zoomobjektivs) und der Bildgestaltung – um weitere Details zu kümmern. Beim

Antippen des Auslösers erfolgen die automatische Scharfeinstellung auf das Detail im AF-Meßfeld und die Belichtungseinstellung. Beide bleiben bis zur Freigabe des Auslösers gespeichert. Erst bei erfolgter Scharfeinstellung leuchtet der Schärfenindikator unter dem Sucherbild auf, und der Auslöser wird
zum vollen Druck freigegeben. Gleichzeitig meldet ein kurzer
Signalton »freie Fahrt«. Rührt sich etwas vor der Kamera,
schaltet diese auf Auslösepriorität und verfolgt das Objekt mit
der Scharfeinstellung, solange der Auslöser angetippt bleibt.
Signalton gibt es dann keinen mehr, und auslösen dürfen Sie,
wann immer Sie wollen – also auch vor gelungener Scharfeinstellung.

Im Sucher sehen Sie bei angetipptem Auslöser die von der
Kamera gewählte Verschlußzeit und Blende, so daß Sie zumindest wissen, was das Knipsmaschinchen tut. Sinkt die Verschlußzeit unter jene Grenze ab, bis zu der sich bei der Aufnahmebrennweite Aufnahmen aus der Hand noch einigermaßen
verwacklungsfrei realisieren lassen, beginnt das Kamerasymbol zu blinken, und kurz darauf klappt automatisch das eingebaute Blitzgerät aus. Diese Blitzunterstützung hat natürlich
nur bei relativ nahen Motiven Sinn, doch dies vermag die Kamera nicht mehr zu unterscheiden. So kommt es unter Umständen zu unsinnigen, verpufften Blitzen, wenn Sie zum Bei-

*Für Sonnenuntergangs-
aufnahmen empfiehlt
sich mittenbetonte Inte-
gralmessung, denn bei
Mehrfeldmessung würde
die Kamera versuchen,
den für sie »dunklen«
Vordergrund aufzuhellen
– und die Sonnenunter-
gangsstimmung fiele aus.
Bei Integralmessung
jedoch ergibt sich in diesem speziellen Fall eine
Unterbelichtung, die uns
bei derartigen Motiven
hochwillkommen ist.
Gewissermaßen »aus
Versehen« gibt diese
Meßcharakteristik in
einem solchen Fall genau
das richtige Ergebnis.*

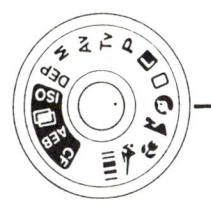

Bei Porträts – seien sie gestellt oder »schnapp-geschossen« – bewähren sich möglichst große Blenden (kleine Blenden-zahlen), die zu geringer Schärfentiefe führen. Die Umgebung versinkt zunehmend in Unschärfe, allein das Hauptobjekt wird plastisch herausge-schält. So ergeben sich automatisch zwingende Plastik und ein ruhiges, ausgewogenes Bild.

spiel mit einer etwas längeren Brennweite eine relativ düstere Szene anpeilen – und Ihnen die so intelligente Automatik eben doch eine Unterbelichtung beschert! Denn sie tut so, als könn-te ihr Blitz etwas ausrichten, während er sich in Wirklichkeit völlig vergeblich bemüht. Das müssen Sie als Zugeständnis an das sonstige »Abschaltendürfen« in Kauf nehmen. Es sei denn, Sie passen ein wenig auf und klappen das Blitzgerät – *ohne den Auslöser freizugeben!* – vor der Auslösung wieder ein. Dann blinkt wieder das Kamerasymbol – und Sie sollten sich nach einer festen Unterlage umsehen, denn sonst würde die Aufnahme verwackelt.

Motivprogramm Porträts

In diesem Programm ist die Kamera auf Schärfenpriorität (ONE SHOT), Reihenbilder (!), Mehrfeldmessung und automa-tische Blitzzündung geschaltet. Das Programm setzt die Ver-wendung einer längeren Brennweite als 50 mm voraus. Es geht ferner davon aus, daß in der Porträtfotografie geringe Schär-fentiefe gefragt ist, um allein das Modell wirken zu lassen und den Hintergrund möglichst weitgehend in Unschärfe zu tau-chen. (Aus diesem Grund sollten Sie Ihr Modell auch möglichst weit vor einem Hintergrund aufstellen, damit dieser in den Un-

schärfenbereich fällt. Also bitte *nicht* die Wand oder den Strauch unmittelbar hinter dem Kopf!)

Zur Erzielung geringer Schärfentiefe öffnet der gewitzte Fotograf die Blende möglichst weit, und so basiert das Programm auf praktisch voller Öffnung. So erfolgt eine Abblendung erst, wenn der volle Verschlußzeitenbereich bis 1/4000 s ausgeschöpft ist und sich sonst eine Überbelichtung ergeben würde.

Mehrfeldmessung garantiert in allen einigermaßen normalen Situationen einwandfreie Belichtung. Schärfenpriorität mit Speicherung läßt Sie präzise auf die Augen fokussieren und dann den endgültigen Ausschnitt wählen. Daß Canon Porträts allerdings an die Reihenbildschaltung knüpft, stellt etwas hohe Anforderungen an unser Verständnis. Wenn Sie also die Oma vor der Laube ablichten, erwartet Sie bei anhaltendem Druck auf den Auslöser in jeder Sekunde bis zu dreimal dasselbe lächelnde Gesicht. Bei den letzten Bildern mag es einen Anflug von Verwunderung zeigen ob des Maschinengewehrfeuers, das Oma ja nun wirklich nicht erwartet hatte. (Wir auch nicht!)

So hat es also keinen Zweck. Da muß sich schon sehr viel tun vor der Kamera, um Reihenbilder zu rechtfertigen – und mit »Porträt« schlechthin assoziiert man derartige Bewegung eigentlich nicht. Im Stile der professionellen Modefotografie wäre es denkbar, daß ein vor der Kamera agierendes Modell auf diese Weise aus der Bewegung heraus festgehalten wird (wozu freilich ein Teleobjektiv nicht sonderlich gut taugt). Da die

Je ruhiger, neutraler, der Hintergrund in einer Porträtaufnahme, um so besser. Denn schließlich sind es die Personen, die hier zählen, und das Auge möchte sich allein auf das eigentliche Thema konzentrieren. Darum bevorzugt man für Porträts etwas bis deutlich längere Brennweiten und öffnet zudem die Blende möglichst weit, um so die Schärfentiefe auf ein Minimum zu beschränken und etwa störenden Hintergrund mit Unschärfe zu neutralisieren.

Kamera vor jeder Belichtung neu fokussiert, wäre der Bewegung in dieser Beziehung Rechnung getragen. Die Höchstgeschwindigkeit verringert sich dabei allerdings auf 2,5 B/s. Für jede normale Porträtsituation jedoch bleibt letztlich nur die Empfehlung, den Motor durch feinfühligen Druck entsprechend zu zügeln.

Fokussieren Sie auf die Augen

Und denken Sie bei der automatischen Scharfeinstellung daran, daß die Fokussierung auf den Augen liegen muß! Denn ein Porträt mit unscharfen Augen taugt nur noch für den Papierkorb.

Motivprogramm Landschaft

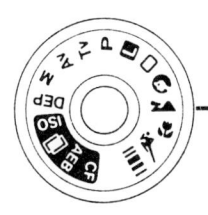

In diesem Programm ist die Kamera auf Schärfenpriorität, Einzelbilder und Mehrfeldmessung geschaltet.

Das Programm basiert auf der verallgemeinernden Annahme, daß Landschaftsfotografie mit Weitwinkelobjektiven Hand in Hand geht. Dies mag in vielen Fällen zutreffen, ist jedoch nicht unbedingt bindend. Denn immer wieder wird der gewitzte Fotograf auch zu längeren Brennweiten greifen, vielleicht um Zugang zu Motiven zu gewinnen, die ihm räumlich sonst verschlossen blieben, oder um typische Details einer Landschaft zu isolieren und gewissermaßen stellvertretend für das Ganze sprechen zu lassen. Dann allerdings schlagen Sie sich mit diesem Motivprogramm selbst ein Schnippchen, denn sinnvoll wirken kann es nur mit kurzen Brennweiten. Sobald Sie längere Brennweiten als 50 mm in der Landschaft einsetzen möchten, dürfen Sie dieses Programm nicht mehr als »Landschafts-«Programm verstehen und sollten besser auf eines der Normalprogramme schalten.

In der Weitwinkel-Landschaftsfotografie – so setzt das Programm voraus – ist meist große Schärfentiefe gefragt. Deshalb stellt es grundsätzlich keine größere Blende ein als 5,6. Wieder ergibt sich der Umkehrschluß, daß Sie dieses Programm auch mit kurzbrennweitigen Objektiven nicht einsetzen sollten, wenn Sie die Schärfentiefe in Einzelfällen enger begrenzen möchten. Dann würde sich das Normalprogramm Av (Zeitautomatik) besser eignen. Oder aber Sie schalten auf die Schärfentiefenautomatik DEP und legen die Grenzen der Scharfabbildung präzise dorthin, wo Sie sie haben möchten. (Damit wären Sie, sofern der scharf abzubildende Vordergrund relativ nah ist, zweifellos am besten bedient.)

Das Landschaftsprogramm ist auf Weitwinkelobjektive abgestimmt

Schärfenpriorität gibt Ihnen wieder die Möglichkeit der Ersatzmessung, wenn sich das für die Entfernungseinstellung wichtige Objekt im endgültigen Ausschnitt nicht in der Bildmitte befindet.

Motivprogramm Nahaufnahmen

In diesem Programm ist die Kamera auf Schärfenpriorität, Einzelbilder, Selektivmessung und automatische Blitzzündung geschaltet. Das Programm ist auf die Makro-Einstellung der EF-Zoomobjektive abgestimmt und soll Ihnen die bildmäßige Nahfotografie (Blumen, Kleintiere usw.) erschließen. Für Reproduktionen hingegen ist es nicht gedacht.

Zur Gewährleistung entsprechender Schärfentiefe, jedoch ohne Scharfabbildung des Hintergrunds, entspricht der Programmverlauf dem Landschaftsprogramm. Das heißt, die Kamera blendet nie weiter auf als 5,6. Erst bei reichlich Licht werden die Blende zunehmend geschlossen und die Verschlußzeit verkürzt.

Als Meßverfahren für die Belichtung hat Canon hier die Selektivmessung gewählt, denn meist handelt es sich in der Nahfotografie um relativ kleine Objekte. Selektivmessung und automatische Scharfeinstellung sind gekuppelt, also auf ein und dieselbe Stelle festgelegt, jedoch bei angetipptem Auslöser gespeichert, so daß der Ausschnitt danach noch verändert werden kann.

Auch bei Blitzaufnahmen bleibt die größte Blende auf 5,6 begrenzt, damit sich zumindest mittlere Schärfentiefe ergibt.

Nahaufnahmen müssen nicht unbedingt winzig kleine Dinge zeigen. Im Gegenteil. Unzählige Motive gibt es, die Ihnen tagtäglich überall begegnen und nur darauf warten, »ins rechte Licht gerückt« zu werden.

Gegenüberliegende Seite: Ein Stilleben am Strand wird – mit einem Konversionsfilter B 12 verfremdet – zum Motiv. Das Filter führt auf Tageslicht-Diafilm zu einem deutlichen Blaustich.

Denn im Nahbereich wird Schärfentiefe zur Mangelware! Je
stärker Sie sich einem Objekt nähern, um so mehr schmilzt sie
zusammen und erreicht zum Schluß Werte von nur noch Milli-
metern bzw. Millimeterbruchteilen. Selbst Abblendung ändert
daran nicht mehr allzuviel. Achten Sie deshalb bei Nahaufnahmen besonders sorgfältig darauf, daß Sie die Kamera nach der
automatischen Fokussierung *absolut* ruhig halten! Schon ein
geringes Vor- oder Zurückgehen verlagert die Schärfenebene
im Bild deutlich. Insofern erfordert es einige Übung – und eine
Portion Glück –, den Bildausschnitt nach der Fokussierung
(und damit auch Speicherung der Belichtungseinstellung) zu
verändern, ohne daß die Lage der Schärfenebene davon in
Mitleidenschaft gezogen wird.

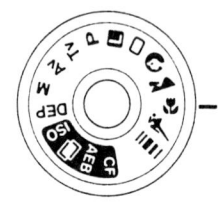

Für Nahaufnahmen vom Stativ eignet sich dieses Programm nur dann, wenn das für die Schärfe bildwichtigste Detail genau in Suchermitte – und damit innerhalb des AF-Meßfeldes – liegt. Ist dies nicht der Fall, haben Sie es leichter, wenn
Sie z.B. auf Av (Zeitautomatik) schalten, eine mittlere Blende
vorwählen, AF abschalten und von Hand nach dem Bildein-
druck auf der Sucherscheibe fokussieren, ganz gleich, wo das
bildwichtigste Detail innerhalb des Formats liegt.

**Bei Stativaufnahmen
empfiehlt sich
Umschatung auf Av**

Motivprogramm Action

In diesem Programm ist die Kamera auf Auslösepriorität, Reihenbilder und Mehrfeldmessung geschaltet.

Canon spricht in diesem Zusammenhang gern von »Sport«,
doch scheint mir dieser Begriff zu eng gefaßt. Denn letztlich
eignet sich dieses Programm für jede Situation, in der es bewegt zugeht. Und das schließt sich balgende Kinder ebenso
ein wie spielende Hunde oder die Verfolgung eines in ständi-
ger Bewegung befindlichen Tieres im Zoo.

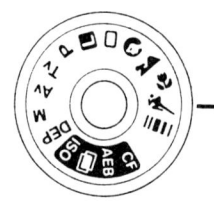

Mehr oder weniger schnelle Bewegung läßt sich nur mit
möglichst kurzen Verschlußzeiten scharf wiedergeben. Und
so bemüht sich dieses Programm, Ihnen durch betont kurze
Zeiten gute Chancen hierfür zu geben. Je höher dabei die
Empfindlichkeit des verwendeten Films, um so länger kann Sie
die Kamera mit ausreichend kurzen Zeiten unterstützen.

Wieder bleibt zu berücksichtigen, daß dieses Programm
ungeeignet ist, sobald sich die Voraussetzungen ändern:
Möchten Sie Bewegung zum Beispiel gezielt unscharf darstellen, sollten Sie besser auf das Normalprogramm Tv (Blendenautomatik) schalten, in dem Sie die Verschlußzeit präzise auf
die Verhältnisse abstimmen können.

**Für unscharf darge-
stellte Bewegung
sollten Sie auf Tv
schalten**

Automatisch schaltet das Programm die EOS auf Auslösepriorität, damit die Scharfeinstellung schnellbewegten Objek-

*Vorzüglich für Schnapp-
schüsse geeignet ist das
Motivprogramm Action.
In dieser Betriebsart gibt
Ihnen die Kamera auto-
matisch möglichst kurze
Verschlußzeiten, so daß
sowohl Bewegungsun-
schärfe des Objekts als
auch der Kamera wirk-
sam neutralisiert wird.*

ten laufend folgen kann. Gleichzeitig steht damit die »Schär-
fenfalle« des Autofokus-Systems zur Verfügung, die sich auto-
matisch zuschaltet, sobald ein Objekt mit konstanter, nen-
nenswerter Geschwindigkeit auf Sie zukommt oder sich von
Ihnen entfernt. Es versteht sich, daß Sie den Auslöser bei der
Verfolgung des Motivs angetippt halten müssen, damit das
Autofokus-System arbeiten kann. Erst zur Belichtung drücken
Sie den Auslöser bis zur zweiten Stufe durch.

In Verbindung mit der Auslösepriorität bietet sich natürlich
die Schaltung des Transportmotors auf Dauerlauf an, wie sie
die Kamera bei Einstellung dieses Programms automatisch
wählt. Das heißt im Klartext, daß ein voller Druck auf den Auslöser im günstigsten Fall zur Belichtung von drei Bildern in der
Sekunde führt. Mehrfeldmessung greift bei schwierigen Lichtverhältnissen korrigierend ein, so daß Sie in weiten Grenzen
mit einwandfrei belichteten Aufnahmen rechnen können.

**Das Action-Pro-
gramm ist mit
Reihenbildschaltung
kombiniert**

Das Strichcode-Programm

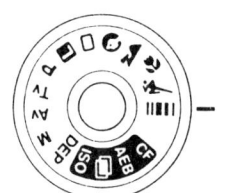

Im Anschluß an die Motivprogramme finden Sie auf der Wählscheibe das Strichcode-Symbol. In dieser Einstellung kommen Sie in den Genuß einer Neuerung, die Canon mit der EOS
10 in den Kamerabau einführte: der Eingabe von Betriebsdaten mit Hilfe von Strichcodes.

Strichcodes an sich sind ja nichts Neues mehr für uns. Vom
Supermarkt, zum Beispiel, kennen wir sie zur Genüge. Nun
kam Canon auf den Gedanken, die Einstelldaten für gewisse
Aufnahmesituationen in Strichcodes umzusetzen, so daß sich
die Kamera ebensoleicht programmieren läßt wie zum Beispiel ein entsprechend eingerichteter Videorecorder.

Als Zubehör erhältlich sind einmal ein Büchlein mit zahlreichen Bildbeispielen und den dazugehörigen Strichcodes, zum anderen der elektronische Lesestift. Bei den abgebildeten Aufnahmesituationen handelt es sich natürlich nicht um alltägliche Beispiele, die Sie spielend mit den Normalprogrammen

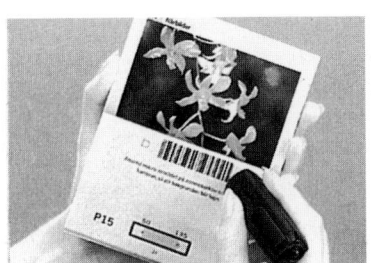

Im Nu haben Sie den Strichcode für ein auf Ihre Situation zutreffendes Bild aus dem Strichcode-Büchlein abgetastet und in die Kamera eingegeben. Sie sind schußbereit.

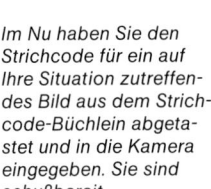

der Kamera meistern, sondern um speziellere Anwendungen. So kommt dem Strichcode-Programm die Aufgabe zu, dem weniger erfahrenen Fotografen schwierige – doch reizvolle – Aufnahmen zu erschließen. Denn nach Eingabe des entsprechenden Strichcodes bleiben nur noch die Bildgestaltung und der Druck auf den Auslöser. Natürlich lassen sich alle diese Aufnahmesituationen ebenso mit den Normalprogrammen der Kamera meistern, wenn man die entsprechende Erfahrung mitbringt und selbst für die erforderlichen Einstellungen sorgt.

Der Lesestift

Das Etui des Lesestiftes läßt sich am Schulterriemen der Kamera anbringen. Der Stift selbst schlüpft dank einer großen Klemme bequem und sicher in jede Brusttasche. Zwei kleine 3-Volt-Batterien sind bereits eingelegt. Sie brauchen lediglich vor der ersten Benutzung den Batteriefachdeckel abzuziehen und eine Isolierfolie zu entnehmen, die die Batterien bis zu diesem Augenblick jungfräulich erhält. Dann kann's losgehen.

Gegenüberliegende Seite: Auf relativ nahe Motive gerichtet, beschert Ihnen ein Teleobjektiv – hier war es die Brennweite 135 mm – Freilichtporträts, die Sie mit der Normalbrennweite nie in dieser Form einfangen könnten. Ganz von selbst führt sie die längere Brennweite zur knappen Komposition, zur Konzentration der Aussage auf das Wesentliche.

Nachdem Sie die Wählscheibe der Kamera auf das Strichcode-Symbol gestellt haben, tasten Sie den Ihrer Aufnahmesituation entsprechenden Strichcode im Büchlein nach Druck auf die Taste des Lesestiftes mit diesem ab. Dabei muß die Spitze des Lesestiftes auf den Code gerichtet sein. Wichtig ist, daß Sie den Stift einigermaßen senkrecht zum Code halten und nicht zu schnell abtasten. Ausgangspunkt ist in jedem Fall das kleine Kästchen links vom Code.

Wenn der Lesestift begriffen hat, was Sie von ihm wollen, gibt er einen kurzen Piepser von sich. Bleibt er nach der Abtastung stumm, wiederholen Sie die Prozedur. Die Abtastung muß innerhalb von acht Sekunden nach Druck auf die Taste des Lesestifts erfolgen.

Dann setzen Sie den Lesestift mit seinem Sender (neben der Klemme) an die Empfängermulde an der rechten Seite der Kamera an, drücken die Taste des Stifts erneut und vergewissern sich, daß die gewünschte Programmnummer (z.B. P5) auf dem Monitor erscheint. Die Kamera bestätigt die Eingabe

Der Lesestift wird zur Eingabe des Strichcodes an den Empfänger in der Kamera angesetzt. Ein Knopfdruck führt zur Übernahme der abgetasteten Einstelldaten durch die Kamera.

durch einen kurzen Piepser. Sie ist nunmehr auf die für die abgebildete Situation erforderlichen Betriebsdaten eingestellt. Diese Einstellung bleibt bis zur Eingabe eines neuen Codes erhalten, selbst wenn Sie die Wählscheibe zwischendurch auf ein anderes Programm drehen oder die Kamera ausschalten.

Sollte der Lesestift nach Eingabe eines Strichcodes einen kurzen Piepser von sich geben, wird es Zeit, die beiden Batterien vom Typ CR2035 zu wechseln. Reiben Sie die Batterien vor dem Einlegen mit einem sauberen, trockenen Tuch ab und fassen Sie sie lediglich an den Rändern an. Fingerabdrücke können zu Korrosion und Kontaktschwierigkeiten führen.

Eine Besonderheit der EOS 100 ist es, daß Sie bis zu fünf derartige Strichcodes in der Kamera speichern können – wenn Sie die vier Motivprogramme zu Hilfe nehmen. Nachdem sich die Einstellungen der Motivprogramme relativ leicht mit den Normalprogrammen duplizieren lassen, werden die entsprechenden Stellungen der Wählscheibe zu interessanten »Parkplätzen« für spezielle Aufnahmesituationen, die sie besonders interessieren. Das jeweilige Motivprogramm ist dann – überspeichert – natürlich zunächst nicht mehr nutzbar. Möchten Sie es zurückholen, löschen Sie den betreffenden Strichcode mit Hilfe des Löschprogramms »Clear« im Strichcode-Büchlein. Auf diese Weise können Sie auch die Art der zusätzlich abgespeicherten Strichcodes jederzeit variieren.

Motivprogramme können mit Strichcode-Einstellungen belegt werden

Das Strichcode-Büchlein

Es versteht sich, daß Sie dieses Büchlein recht sorgsam behandeln werden, um die Lesbarkeit der Codes nicht zu beeinträchtigen. Das heißt, Sie werden sich hüten, Notizen darin anzubringen, ihm Eselsohren anzudrehen, es zu knicken oder gar mit Heftklammern zu vergewaltigen.

Empfehlungen zu den Betriebsdaten sind unter den Programmen angegeben

Am Fuße jedes Programms finden Sie außer der Programmnummer Angaben zu den Betriebsdaten: Empfohlener Brennweitenbereich, empfohlene Filmempfindlichkeit, Stativverwendung und Blitzeinsatz (der Blitz schaltet sich automatisch zu). Wie Sie feststellen werden, fordern viele der etwas ausgefallenen Situationen die Verwendung hochempfindlichen Films (Canon empfiehlt sogar höher als ISO 400/27°) und die Benutzung eines Stativs. Doch das liegt in der Natur der Dinge, denn diese Anwendungen fallen zumindest teilweise aus dem Rahmen des Alltäglichen.

Belichtung »kreativ«

Nach den Fertiggerichten nun die Menüs à la carte. Denn Vollautomatik ist sicher nicht jedermanns Sache. Selbst wenn Sie zunächst die Kamera allein wirken lassen – irgendwann werden Sie zu der Überzeugung kommen, daß Sie die Automatik nun genügend an die Hand genommen hat und Sie ganz gern ein wenig mehr Mitspracherecht hätten. Ohne dabei Komfort aufzugeben, versteht sich. Denn das ist ja gerade das Schöne an den im folgenden behandelten Programmen, daß sie Automatik und bewußte Einflußnahme miteinander verbinden. So sollte man auch nicht in den Fehler verfallen, diese Belichtungsprogramme als »kompliziert« anzusehen. Sie sind es nicht. Im Gegenteil, sie bieten Präzision und Vielseitigkeit mit Bedienungskomfort.

Auch die halbautomatischen Programme sind komfortabel

Jetzt bewegen wir uns – von der Abschaltstellung »L« ausgehend – im oberen Bereich der Wählscheibe und wollen die einzelnen Betriebsarten »in der Reihenfolge ihres Auftretens« unter die Lupe nehmen. Für den gesamten oberen Bereich der Wählscheibe gilt, daß das eingebaute Blitzgerät *nicht* automatisch ausgeklappt und gezündet wird, wenn die Verschlußzeit unter die Verwacklungsgrenze absinkt! Es muß durch Druck auf die Blitztaste (rechts neben der Wählscheibe) ausgeklappt und eingeschaltet werden. Solange es ausgeklappt ist, zündet es dann bei jeder Aufnahme, bis Sie es wieder einklappen.

Brennweitenabhängige Programmautomatik (P)

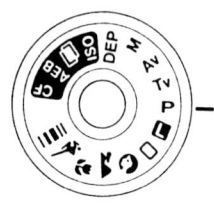

Zum Einsteigen – bzw. »Faulenzen« – lockt die EOS 100 mit einer Programmautomatik, die selbständig Zeit und Blende mischt. Immer wieder findet sich im Zusammenhang mit dieser Programmautomatik der Begriff der »Intelligenz«. Doch was sie angeblich intelligent macht, ist allein die Tatsache, daß

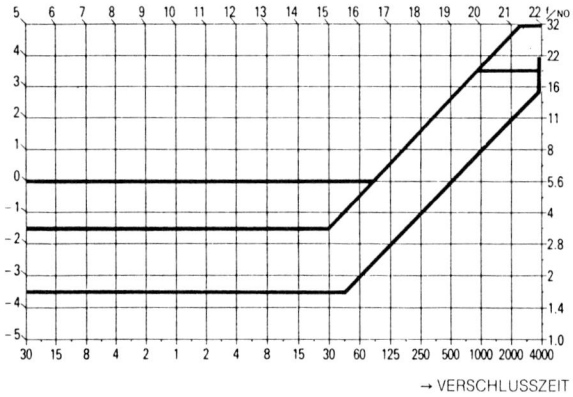

→ VERSCHLUSSZEIT

Kurvenverlauf der Programmautomatik. Die oberen beiden Kurven gelten für das EF 1:3,5-4,5/35-105 mm, die untere für das EF 1:1,8/ 50 mm.

sie sich auf die Brennweite des verwendeten Objektivs einstellt (bei einem Zoomobjektiv auch auf die jeweilige Brennweiteneinstellung) und bis zum Erreichen der entsprechenden Verwacklungsgrenze bei Aufnahmen aus der Hand zunächst primär die Blende öffnet, so daß die Objektivlichtstärke durchaus praxisgerecht optimal genutzt wird. Das ist zweifelsohne sehr lobenswert, hat aber wohl mehr mit der Intelligenz der Konstrukteure zu tun.

Diese Programmautomatik ist – das muß man zugeben – so bequem, daß man selbst als anspruchsvoller Fotograf in einer ganzen Reihe von Situationen auf »P« schaltet. Insbesondere bei Schnappschüssen im Familienkreis, auf Parties, Ausflügen usw. lernt man die Annehmlichkeiten dieser technisch unbeschwerten Art der Fotografie schnell schätzen. Verstärkt wird dieser Eindruck noch bei Blitzaufnahmen, sei es mit dem eingebauten Blitzgerät oder mit einem der Systemblitzgeräte zur EOS 100, und zwar nicht nur im Schutze der Nacht, sondern auch bei Tage, zum Aufhellen von Schatten. Recht eindrucksvoll nämlich mischt die EOS vorhandenes und Blitzlicht, ohne daß Sie sich um technische Details kümmern müssen.

Die Programmautomatik ist ideal für Schnappschüsse im Familienkreis

Blinken der Verwacklungswarnung (Kamerasymbol) fordert zum Druck auf die Blitztaste auf. Doch Achtung: Filmempfindlichkeit, Filmtyp (Dia- oder Negativfilm) und Lichtstär-

Vorteile der Programmautomatik

● Die Kamera macht die ganze Arbeit.
● Sie können sich voll auf die Bildgestaltung konzentrieren.
● Enorm hohe Schußbereitschaft.
● Ideal für »bewegte« Szenen.
● Lichtwertverschiebung gestattet volle Nutzung der Automatik plus Einflußnahme auf die Bildwirkung (Schärfentiefe und Konturenschärfe).
● Brennweitenabhängige Verwacklungswarnung.

ke des Objektivs in der verwendeten Brennweiteneinstellung (wenn wir an ein Zoomobjektiv denken) bestimmen die Reichweite des Blitzes! (Siehe Blitzkapitel.) Blitz bietet folglich nur im relativen Nahbereich einen Ausweg. Verfallen Sie bitte nicht in den Fehler, relativ weit entfernte Dinge blitzen zu wollen, wie man es zum Beispiel bei Veranstaltungen immer wieder beobachten kann. Krasse Unterbelichtung wäre die unausbleibliche Folge.

Gestattet Ihr Motiv keinen Blitzeinsatz, müssen Sie die Verwacklungswarnung sehr ernst nehmen und sich nach einer stabilen Unterlage für die Kamera umsehen – oder notfalls lieber auf eine Aufnahme verzichten. Denn irgendwo hört der Spaß ganz einfach auf.

Ein Blinken beider Komponenten – Zeit und Blende – meldet das Bereichsende: Die Kamera hat die Grenzwerte von Verschlußzeit und Blende erreicht. Bei schwachem Licht bleibt Ihnen bestenfalls (im Nahbereich) die Zuhilfenahme eines Blitzgeräts, bei extrem grellem Licht können Sie sich durch Vorsetzen eines Graufilters, ersatzweise eines Polfilters, ein wenig mehr Luft verschaffen.

Manipulierte Automatik durch Lichtwertverschiebung

Immer wieder kann man lesen, die Programmautomatik würde ein »optimales« Zeit/Blendenpaar einstellen. Das ist natürlich Unsinn. Denn gäbe es wirklich nur jeweils eine einzige Belichtungseinstellung, dann wären alle anderen Kamerafunktionen

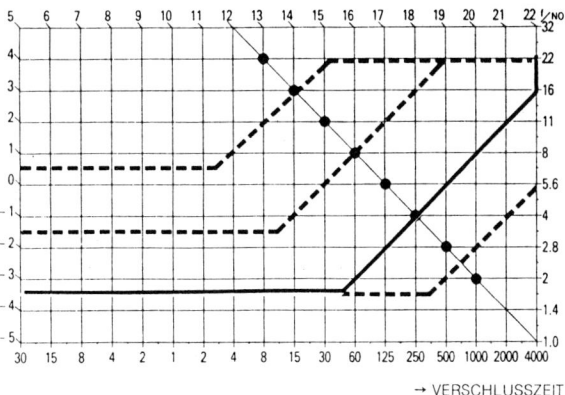

Das Diagramm verdeutlicht das Prinzip der Lichtwertverschiebung, das bei gleichbleibender Belichtung zu völlig unterschiedlicher Bildwirkung führen kann.

wie Zeitautomatik, Blendenautomatik oder Handeinstellung überflüssig. »Optimal« ist bereits die höchste Steigerungsform. Was wollte man danach noch besser machen?

Allein die Tatsache, daß man sich die sogenannte Programmverschiebung hat einfallen lassen, führt die genannte Behauptung bereits ad absurdum. Für die Praxis kann der Wert der Programmverschiebung nicht hoch genug eingeschätzt werden, denn sie bringt uns in den Genuß einer vollautomatischen Belichtungseinstellung, die trotzdem voll manipulierbar ist. Denn wie wir bereits gesehen haben, gibt es meist mehrere Kombinationen von Verschlußzeit und Blende, die genau die gleiche Belichtung, jedoch eine sehr unterschiedliche Bildwirkung erzeugen.

Meldet Ihnen die Sucheranzeige beim Antippen des Auslösers beispielsweise Blende 5,6 und 1/250 s, so genügt eine knappe Drehung am Einstellrad, um diese Daten in jeweils halben Stufen zu verändern. Eine Drehung nach links ergibt (sofern die entsprechende Objektivlichtstärke zur Verfügung steht), zum Beispiel:

Die Zeit/Blendenpaare werden mit dem Einstellrad verschoben

Blende 4,5 und 1/350 s
Blende 4,0 und 1/500 s
Blende 3,5 und 1/750 s
Blende 2,8 und 1/1000 s usw.

Eine Drehung nach rechts führt zu folgenden Paaren:
Blende 6,7 und 1/180 s
  Blende 8 und 1/125 s
Blende 9,5 und 1/90 s
  Blende 11 und 1/60 s usw.

Im letzteren Fall erhalten Sie größere Schärfentiefe, dafür wird Objektbewegung zunehmend unschärfer wiedergegeben. Und das betrifft auch Ihr Zipperlein, denn spätestens wenn die Verschlußzeit den Kehrwert der Objektivbrennweite erreicht (also z.B. 1/60 s für Brennweite 50 mm), besteht die akute Gefahr der Verwacklungsunschärfe. Im ersteren Fall verschaffen Sie sich höhere Konturenschärfe auf Kosten des im Bild scharf wiedergegebenen Tiefenbereichs. Die gesamte Spanne ist Ihr fotografischer Freiraum. Und spätestens jetzt wird klar, daß es kein von dieser Automatik festgelegtes, »optimales« Zeit/Blendenpaar geben kann.

Die Möglichkeit des Eingreifens, des Verschiebens der im Sucher (und auf dem Monitor) angezeigten Zeit/Blendenpaare steht Ihnen offen, solange Sie den Auslösers angetippt halten bzw. bis zu sechs Sekunden nach Freigabe des Auslösers. Denn danach schaltet die Kamera automatisch ab, und das Spiel beginnt von neuem. Verändern Sie die Belichtungsdaten mit Hilfe des Einstellrads, so verlängert sich auch bei nicht angetipptem Auslöser die Einschaltzeit jeweils neu.

Vorteile der Lichtwertverschiebung

● Automatik wird in der Bildwirkung beeinflußbar.
● Kreative Beeinflussung der Einstelldaten ist schneller möglich als in jedem anderen Programm.
● Das Idealprogramm für fortgeschrittene »Faulenzer«, die schnell und mühelos, doch überlegt fotografieren möchten.

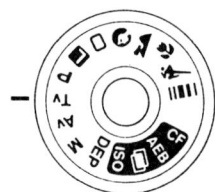

Kurvenverlauf der Belichtung bei Blendenautomatik: Automatisch verändert die Kamera die Blendeneinstellung in Abhängigkeit von der vorgewählten Verschlußzeit, der Motivhelligkeit und der Filmempfindlichkeit.

Blendenautomatik (Tv)

In diesem halbautomatischen Programm stellt die Kamera stufenlos eine zur vorgewählten Verschlußzeit passende Blende ein. Damit liegt die Bildgestaltung voll in Ihrer Hand. Sie bestimmen durch die Wahl der Belichtungszeit die Konturenschärfe und sekundär auch die Schärfentiefe, denn durch Änderung der Zeit können Sie eine andere, Ihnen genehmere Blende erzwingen. Besonders vorteilhaft erweist sich die Möglichkeit, an der EOS 100 die Verschlußzeit in halben Stufen einzustellen, die eine sehr feine Abstimmung zuläßt, wie man sie bisher überwiegend von der – an mechanischen Kameras ja stufenlos einstellbaren – Blende gewöhnt war.

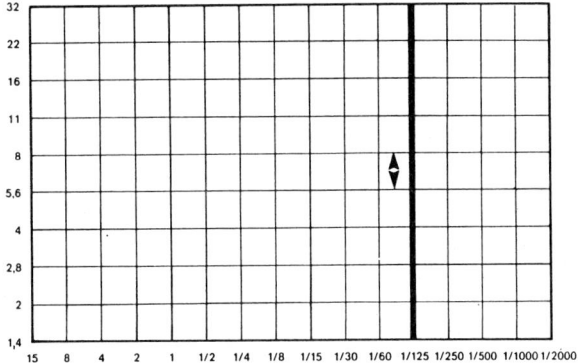

Vorteile der Blendenautomatik

● Die Verschlußzeit bleibt fest in Ihrer Hand.
● Verwacklungsunschärfe kann von vornherein ausgeschlossen werden.
● Schnelle Bewegungen können eingefroren werden.
● Andererseits kann Objektbewegung durch feindosierte, längere Verschlußzeit überzeugend zum Ausdruck gebracht werden.
● Gut für Schnappschüsse geeignet.
● Halbstufige Verschlußzeiteneinstellung gestattet sehr feine Abstimmung.
● Innerhalb des verfügbaren Blendenbereichs ist schnelles Fotografiern ohne Kontrolle der Sucheranzeige möglich.

Normalerweise werden Sie sich mit der Verschlußzeit an den Bewegungscharakteristika des Objekts (und der Verwacklungsgrenze) orientieren. Und dann lassen Sie die Kamera wirken. Wichtig für Aufnahmen aus der Hand ist, daß Sie keine längere Verschlußzeit als den Kehrwert der Brennweite einsetzen: Das heißt: Objektiv 50 mm = 1/60 s, Objektiv 135 mm keinesfalls länger als 1/125 s, Objektiv 200 mm = 1/250 s und so weiter. Wobei Sie mit fliegendem Puls und Auslösung im Habichtverfahren die Aufnahme auch bei diesen Verschlußzeiten noch durchaus verreißen können!

Auf dem Monitor wird dieses Programm mit »Tv« bezeichnet, was nichts mit dem Fernsehen zu tun hat, sondern sich von der japanischen Bezeichnung »time value« ableitet und vielleicht noch am ehesten mit dem deutschen Begriff der Zeitvorwahl gleichgesetzt werden könnte. Es eignet sich für die meisten fotografischen Aufgabengebiete, insbesondere jedoch für Schnappschüsse, Teleaufnahmen, bewegte Objekte usw. In all diesen Fällen liegt die Schärfe sowieso auf dem bildwichtigsten Detail, und die Ausdehnung der Schärfentiefe ist – in Grenzen – von sekundärer Bedeutung, die Schärfe der Hauptebene jedoch unverzichtbar. Zudem gestattet es den gezielten, feindosierten Einsatz der Unschärfe bewegter Objekte – wiederum ein enorm wichtiges fotografisches Ausdrucksmittel.

Die Kamera beginnt stets mit der jeweils letzten Verschlußzeiteneinstellung. Mit dem Einstellrad kann diese blitzschnell verändert werden. Vor Unterbelichtung warnt das Blinken der größten Blende des verwendeten Objektivs, vor Überbelichtung das Blinken der kleinsten. Abhilfe ist im ersteren Fall durch Einstellung einer längeren Verschlußzeit möglich, im letzteren durch Wahl einer kürzeren.

Zeitautomatik (Av)

In dieser gleichfalls halbautomatischem Betriebsart wählen Sie (mit dem Einstellrad) die Blende vor, während die Kamera dazu stufenlos eine geeignete Verschlußzeit einstellt. Primär ist es die Schärfentiefe, die Sie damit von Anbeginn festlegen. Doch letztlich können Sie durch Änderung der Blende auch eine andere Verschlußzeit erzwingen, so daß wiederum sämtliche Gestaltungselemente in Ihrer Hand liegen. Die veränderliche Komponente – die Blende – ist in halben Stufen einstellbar.

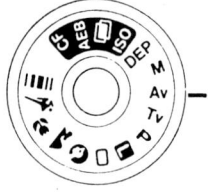

Eine sehr wichtige Anwendung ist in der Praxis das Arbeiten im Randbereich: Nehmen wir an, Sie fotografieren mit einem langbrennweitigen Objektiv und möchten dessen Lichtstärke voll ausnutzen, um zu Verschlußzeiten zu gelangen, die sich noch unverwackelt aus der Hand halten lassen. Bei Blendenautomatik müßten Sie stets ein wenig von der Lichtstärke verschenken, denn die Kamera würde die Blende fast unweigerlich ein wenig schließen, um die Belichtung der vorgewählten Verschlußzeit optimal anzupassen. Im Programm der Zeitautomatik hingegen stellen Sie einfach die größte Blende des verwendeten Objektivs ein, und die Kamera gibt Ihnen dazu *stufenlos* die entsprechende Verschlußzeit. Lediglich ein wenig aufpassen müssen Sie bei Zeitautomatik: Nur ständige Kontrolle der automatisch eingesteuerten Verschlußzeit informiert Sie, ob Sie die sich ergebende Belichtungszeit noch unverwackelt aus der Hand halten können. Damit Sie diese Grenze nicht so leicht übersehen, blinkt im Sucher das Kamerasymbol, wenn die entsprechende Verschlußzeit überschritten wird.

Weitere Anwendungen der Zeitautomatik finden sich in der Sach-, Architektur- und Makrofotografie – sämtlich Gebiete,

Vorteile der Zeitautomatik

● Vorgewählte Blende legt Schärfenbereich im Bild unverrückbar fest.
● Bevorzugt angewandt in der Sach-, Architektur- und Makrofotografie.
● Gestattet Feinabstimmung bei bewußter Ausnutzung der vollen Lichtstärke eines Objektivs.
●– Funktioniert mit praktisch jedem Objektivtyp, selbst wenn Kupplungsfunktionen aus konstruktiven Gründen ausfallen.

bei denen es in erster Linie auf Schärfentiefe ankommt. Auf dem Monitor wird dieses Programm mit »Av« bezeichnet, was sich vom japanesischen »aperture value« ableitet, in großen Zügen äquivalent dem deutschen »Blendenvorwahl«.

Als Grundeinstellung beginnt die Kamera stets mit der zuletzt eingestellten Blende. Mit dem Einstellrad können Sie die

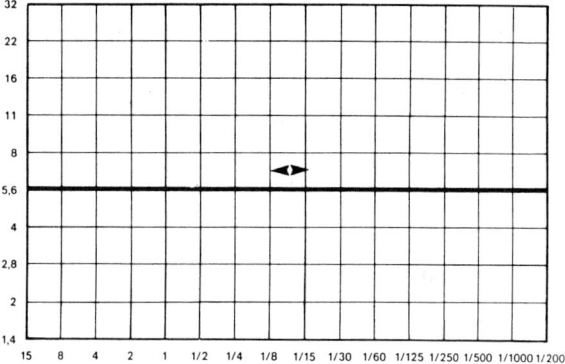

Bei Zeitautomatik stellt die Kamera stufenlos eine zur vorgewählten Blende passende Verschlußzeit ein.

gewünschte Blende blitzschnell in den Sucher und auf den Monitor rufen. Die Bereichsgrenzen werden durch Blinken der Verschlußzeit angezeigt: Bei Gefahr der Unterbelichtung blinkt die längste Zeit (30 s), bei Gefahr der Überbelichtung die kürzeste (1/4000 s). In beiden Fällen kann eine Änderung der Blendeneinstellung Abhilfe bringen: Unterbelichtung läßt sich durch Einstellen einer größeren Blende vermeiden, Überbelichtung durch Wahl einer kleineren Blende – sofern Sie diese Grenze nicht sowieso schon erreicht haben.

Die Schärfentiefenautomatik (DEP)

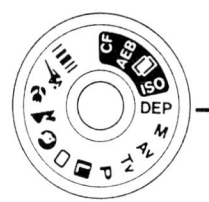

Canon war der erste Hersteller, der eine echte Schärfentiefenautomatik anbot. Sie erblickte mit der EOS 650 das Licht der Welt. Und damit war ein neuer Standard des Bedienungskomforts in modernen Spiegelreflexkameras geboren.

Im Detail funktioniert das so: Dank Autofokus und einer enorm leistungsfähigen Miniaturelektronik wird es möglich, im Bild einen bestimmten Tiefenbereich abzustecken, den Sie scharf wiedergeben möchten. Für diesen Bereich errechnet die Kamera eine vermittelnde Entfernungseinstellung und zugleich die nach den jeweiligen Lichtverhältnissen benötigte Blende und Verschlußzeit. Wenn Sie diese im Sinne einer Programmautomatik eingestellten Werte akzeptieren, genügt ein Druck auf den Auslöser, und die Aufnahme ist im Kasten.

Angesichts der Tatsache, daß wir heute sehr viel mit Zoom-objektiven fotografieren, bei denen wir wegen der variablen Brennweite auf eine Schärfentiefenskala verzichten müssen, kann der Gebrauchswert der Schärfentiefenautomatik nicht hoch genug eingeschätzt werden. Wie sonst nämlich wollen Sie einen im Bild gewünschten Schärfenbereich präzise festlegen?

Besonders bei Zoom-objektiven ist die Schärfentiefenautomatik von unschätzbarem Wert

Zunächst drehen Sie die Wählscheibe auf »DEP«. Dann verfahren Sie wie folgt:

1. Schauen Sie sich das Motiv im Sucher an und legen Sie die Bildbegrenzung fest, bei Verwendung eines Zoomobjektivs durch Verstellen der Brennweite. (Diese Einstellung darf anschließend nicht mehr geändert werden!)
2. Peilen Sie mit dem AF-Meßfeld den Nahpunkt an, d.h. die Nahgrenze der gewünschten Schärfentiefe, und tippen Sie den Auslöser (bis zur Hälfte) an. Die Kamera fokussiert auf diese Entfernung. Im Sucher und auf dem Monitor erscheint die Anzeige »dEP 1«.
3. Peilen Sie mit dem AF-Meßfeld den Fernpunkt an, und tippen Sie den Auslöser ein zweites Mal an. Die Kamera fokussiert auf diese Entfernung. Im Sucher und auf dem Monitor erscheint die Anzeige »dEP 2«.
4. Wenn Sie den Auslöser jetzt ein drittes Mal antippen, können Sie im Sucher und auf dem Monitor ablesen, welche Blende und Verschlußzeit Sie bei der vorhandenen Beleuchtung für die Aufnahme brauchen.
5. Sind Sie mit diesen Werten einverstanden – und ist die Verschlußzeit für eine Aufnahme aus der Hand nicht zu lang! –, genügt nach dem Schwenk auf den endgültigen Ausschnitt ein voller Druck auf den Auslöser zur Belichtung. Sind Sie es nicht, können Sie mit dem Einstellrad das Zeit/Blendenpaar variieren wie bei Programmautomatik und geringere Schärfentiefe gegen kürzere Verschlußzeit eintauschen. Doch begeben Sie sich damit eben jener präzisen Kontrolle, die diese Art der Schärfentiefenautomatik so wertvoll macht. Mit anderen Worten: Sie sind besser dran, wenn Sie sich diesen Abschneider verkneifen und die Wählscheibe mal eben schnell auf eine andere Position drehen, um die Einstellung zu löschen und dann neu anzufangen.

Vor der Belichtung meldet die Kamera die Einstelldaten

Halten Sie sich stets vor Augen, daß der erfaßbare Schärfenbereich von den Lichtverhältnissen, der Filmempfindlichkeit und der Brennweite des Aufnahmeobjektivs abhängig ist. Bei schwachem Licht müssen Sie die Verschlußzeit immer weiter verlängern, damit bei der meist erforderlichen kleinen Blendenöffnung noch genügend Licht auf den Film trifft. Eine lange

Verschlußzeit jedoch geht bringt Sie der Verwacklungsunschärfe immer näher.

Zudem verringert sich der im Bild darstellbare Schärfenbereich mit längerer Brennweite. Denn längere Brennweiten erfordern – damit dieselbe Lichtmenge hinten ankommt – immer größere Blendenöffnungen. Und schon kämpfen wir mit
einer unausbleiblichen Verringerung der Schärfentiefe.

Fazit: Verlangen Sie nichts Unmögliches von der Schärfentiefenautomatik. Sie kann nicht über ihren Schatten springen.
Sie kann optische Gesetze nicht aus der Welt schaffen. Würden Sie die Nahgrenze zu nah legen, müßte die Kamera eine

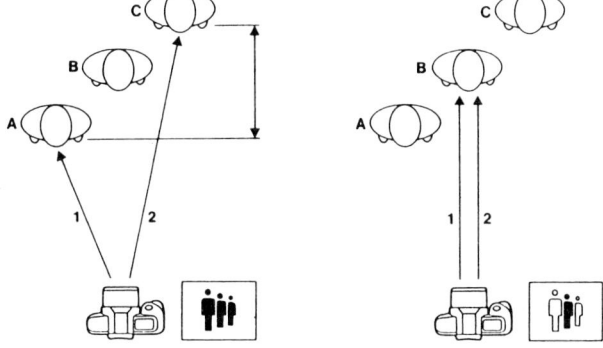

*Beim Anmessen eines
Nah und eines Fernpunk-
tes bemüht sich die
Kamera, die gewünschte
Schärfentiefe zu erzielen
(links). Werden Nah- und
Fernpunkt aufeinander
gelegt, stellt die Kamera
auf Punktschärfe, das
heißt, minimale Schärfen-
tiefe ein.*

extrem kleine Blende(nöffnung) und – zwangsläufig – lange
Verschlußzeit wählen, um jenes »Tröpfeln« des Lichts durch
längere Einwirkung auf den Film auszugleichen, damit sich eine ausreichende Belichtung ergibt. Folglich würden Sie mit
ziemlicher Sicherheit jene Grenze überschreiten, bis zu der Sie
Aufnahmen aus der Hand noch halten können, ohne sie zu verwackeln. Was also können Sie tun, wenn Ihnen die Kamera
durch Blinken der kleinsten Blende mitteilt, daß Ihre Vorstel-
lungen zwar gut und schön sind, die technische Realität jedoch etwas anders aussieht? Oder wenn Sie die Verwacklungswarnung aufklärt, daß das aus der Hand nicht gut-
gehen kann?

**Je nach den Umstän-
den sind Kompro-
misse erforderlich**

Versuchen Sie, entweder weiter zurückzutreten oder den
Nahpunkt weiter weg zu legen. Überlegen Sie sich, ob die Aufnahmebrennweite wirklich geeignet ist, den gewünschten Bereich scharf abzubilden. (Je länger die Brennweite, um so geringer bekanntlich die technisch mögliche Schärfentiefe!)
Brauchen Sie sehr große Schärfentiefe, bietet folglich allein
ein Weitwinkelobjektiv eine Chance, diese zu verwirklichen.

Mit anderen Worten: Suchen Sie Kompromisse. Wird die Verschlußzeit zu lang für Aufnahmen aus der Hand, müssen Sie Ihre Anforderungen reduzieren. Technische Grenzen sind unverrückbar. Deshalb ist es unverantwortlich, wenn die Schärfentiefenautomatik zuweilen so dargestellt wird, als würde sie Ihnen auf Knopfdruck jeden, aber auch jeden gewünschten Schärfenbereich bescheren – dies ist schlicht unmöglich.

Grundsätzlich können Sie lediglich davon ausgehen, daß höherempfindliches Aufnahmematerial eine gewisse »Lichtreserve« schafft. Kleinere Blenden ergeben größere Schärfentiefe und kommen Ihnen damit entgegen. Wer generell sehr große Schärfentiefe wünscht, sollte deshalb Filme relativ hoher Empfindlichkeit einsetzen. Allerdings: Die Auflösung hochempfindlicher Filme ist geringer als die normal- oder niedrigempfindlicher. Und damit schließt sich der Kreis wieder. Es läßt sich nichts erzwingen.

Auch bei diesem Programm wird die Blende als Variable benötigt. Das heißt, eine Kombination mit Blitz ist nicht möglich. Ebenso selbstverständlich dürfte es sein, daß die Brennweiteneinstellung eines Zoomobjektivs nach dem ersten Antippen des Auslösers (dEP 1) nicht mehr geändert werden darf, denn dies würde völlig neue Verhältnisse schaffen.

Nicht nur für große Schärfentiefe können Sie dieses Programm übrigens einsetzen, sondern auch für das exakte Gegenteil, für Punktschärfe. Sie brauchen den Auslöser beim Anvisieren des gewünschten Details lediglich zweimal kurz hintereinander anzutippen. Somit liegen »dEP 1« und »dEP 2« aufeinander – die Kamera wird die Blende so weit aufreißen, wie es eben geht. Das Ergebnis ist geringstmögliche Schärfentiefe.

Möchten Sie den Einstellvorgang abbrechen, weil zum Beispiel die kleinste Blende blinkt, so genügt es, die Wählscheibe kurz auf ein anderes Programm zu drehen. Wenn Blende und Verschlußzeit blinken, ist die Grenze des Arbeitsbereichs erreicht. Es besteht die Gefahr einer Fehlbelichtung, und Sie sind mit Ihrem Latein am Ende.

Die manuelle Belichtungseinstellung (M)

In Einstellung »M« der Wählscheibe läßt sich jede der beiden Komponenten Zeit und Blende verändern, die erstere mit dem Einstellrad, die letztere mit dem Daumenrad. Der Daumenradschalter muß sich hierfür natürlich auf »I« befinden.

Auch in diesem Programm hilft Ihnen das Belichtungsmeßsystem, eine Grundeinstellung zu finden, die die Kamera als

Vorteile der Schärfentiefenautomatik

● Innerhalb der von den Lichtverhältnissen, der Filmempfindlichkeit und der Ausrüstung gesteckten Grenzen mühelos präzise Abgrenzung der Schärfentiefe.

● Kamera zeigt die zur Erzielung der gewünschten Schärfentiefe erforderlichen Aufnahmedaten an.

● Anforderungen an die Schärfentiefe können nach dem Ausloten der erforderlichen Aufnahmedaten verändert werden.

● Die an sich schon ungenauen Schärfentiefenskalen der Vergangenheit werden überflüssig.

● Aufeinanderlegen von Nah- und Fernpunkt bei der Messung führt zu Punktschärfe

● selektive Schärfe automatisch.

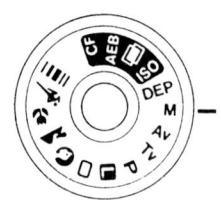

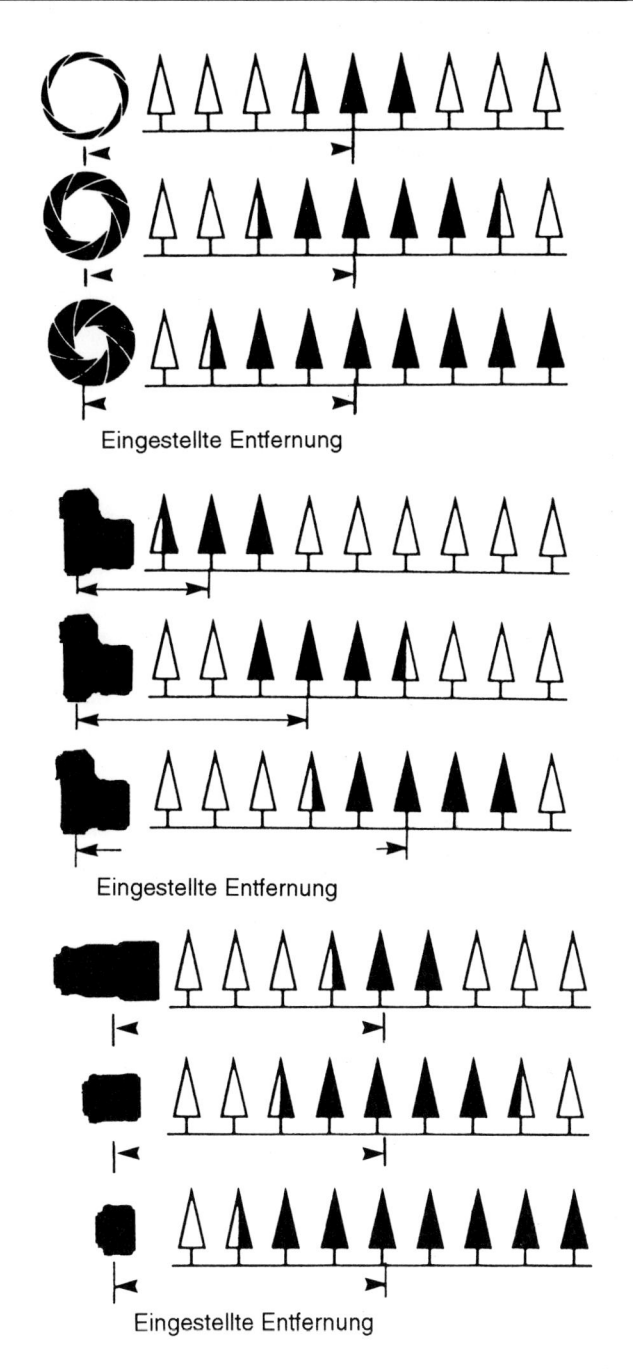

Eingestellte Entfernung

Eingestellte Entfernung

Eingestellte Entfernung

Die Schärfentiefe wird von drei wichtigen Faktoren bestimmt.
Oben: Je kleiner die Blendenöffnung, um so größer ist die Schärfentiefe.
Mitte: Mit wachsendem Aufnahmeabstand vergrößert sich der Schärfentiefenbereich.
Unten: Lange Brennweite bedeutet geringe Schärfentiefe, kurze Brennweite steht für große Schärfentiefe.

»richtig« ansieht und automatisch einstellen würde. Für höchste Genauigkeit empfiehlt sich Selektivmessung. Von der Grundeinstellung ausgehend, fällt es Ihnen leicht, jede gewünschte Korrektur anzubringen, um besondere Effekte zu erzielen.

Die Grundeinstellung richtet sich, wie üblich, nach den zuletzt eingestellten Werten. Die Abstimmung erfolgt mit Hilfe der Leuchtpfeile im Sucher. Diese zudem mit »+« bzw. »−« bezeichneten Pfeile sagen Ihnen gleichzeitig, in welche Richtung das Einstellrad bzw. das Daumenrad zur Abstimmung gedreht werden sollte. Leuchten beide Pfeile, ist die Belichtung auf das angepeilte Detail abgestimmt. Nachdem sowohl die Verschlußzeit als auch die Blende in halben Stufen einstellbar ist, spielt es für die Genauigkeit der Abstimmung keine Rolle, welche der beiden Komponenten Sie zur Einstellung heranziehen.

Damit hätten Sie die Kamera nun bewogen, mit vielem Hin und Her das zu tun, was sie Ihnen in einem der Automatikprogramme im Nu und ohne Ihr Zutun besorgt (und stufenlos dazu!). Doch hier geht es ja darum, zunächst einmal die »korrekte« Belichtungseinstellung zu finden, um hiervon kontrolliert abzuweichen, um besondere Effekte zu erzielen. Und selbst im Zeitalter der »Vollautomatik« finden sich immer wieder Gelegenheiten, bei denen der engagierte Fotograf dem Konstrukteur dankbar ist für diese Möglichkeit einer individuellen Belichtungsabstimmung. Um nur ein einziges Beispiel zu nennen: Möchten Sie den Himmel durch ein graues Verlauffilter zurückhalten, wird jede Automatik unbrauchbar. Sie werden den Vordergrund anmessen, diese Einstellung beibehalten und nach Vorschaltung des Filters mit ihr belichten. Die Automatik würde in einem solchen Fall die Belichtung sofort »nachziehen« – das auszugleichen versuchen, was das Filter an Helligkeit dort wegnimmt, wo es in der Tat zu viel ist. Das Ergebnis wäre eine Überbelichtung, die den Effekt des Verlauffilters zunichte machen würde.

Vorteile der Handeinstellung der Belichtung

● Sie haben das Sagen. Keine Automatik macht Ihnen Vorschriften.
● Die eingestellten Daten bleiben festgeschrieben, geschehe, was da wolle. Die Kamera zieht nicht nach.
● Ganz nach Gutdünken stellen Sie von der gemessenen Belichtung abweichende Werte ein, um besondere Effekte zu erzielen.
● Es lassen sich auch Sonderfälle meistern, zum Beispiel die Verwendung von TS-E-Objektiven.

Langzeitbelichtungen (buLb)

Bis zu vollen dreißig Sekunden kann's die EOS 100 automatisch. Was darüber hinausgeht, steht Ihnen gleichfalls offen, nur müssen Sie ein wenig mithelfen. Denn in diesem Fall bestimmen *Sie* die Öffnungszeit des Verschlusses durch den Druck aufs Knöpfchen.

Wir sprechen von Langzeitbelichtungen, und die setzen natürlich die sichere Anbringung der Kamera auf einem Stativ voraus. Dann drehen Sie die Wählscheibe auf »M« und fahren mit dem Einstellrad ans untere Ende des Zeitenbereichs. Dort

Wenn Ihnen die von der Kamera gebotenen 30 s als längste Verschlußzeit nicht ausreichen, bietet die Betriebsart »M« am unteren Bereichsende die Einstellung »buLb« für Langzeitbelichtungen. Natürlich brauchen Sie hierfür ein Stativ und möglichst einen Fernauslöser RC-1.

folgt den 30» die Stellung »bulb«. In dieser bleibt der Verschluß so lange geöffnet, wie der Auslöser gedrückt wird. Erfreulicherweise verbraucht die EOS 100 dabei nur sehr wenig Strom – eine Tatsache, die durchaus nicht selbstverständlich ist.

Zur Auslösung – und Offenhaltung des Verschlusses über die gewünschte Zeit! – müssen Sie den Auslöser gedrückt halten. Bei Feuerwerksaufnahmen und mancher Nachtaufnahme dürfte dies keine Probleme aufwerfen, denn mit ein wenig Umsicht bleibt Ihnen Verwacklungsunschärfe erspart. Für andere Zwecke empfiehlt sich die Verwendung des als Zubehör erhältlichen Fernauslösers RC-1. Mit diesem öffnet sich der Verschluß mit dem ersten Tastendruck und schließt sich mit dem zweiten.

Das Daumenrad gestattet blitzschnelle Blendeneinstellung

Die Blende stellen Sie mit dem Daumenrad ein, wozu Sie es natürlich zunächst einschalten müssen (Schieber auf »I«). Da die Belichtungszeit undefiniert ist, sind verständlicherweise Streubelichtungen mit der Belichtungsreihenautomatik unmöglich. Sie müssen sich schon selbst bemühen. Logischerweise haftet Langzeitbelichtungen ein erheblicher Unsicherheitsfaktor an, denn wenn Ihnen kein nachttauglicher Handbelichtungsmesser zur Verfügung steht, müssen Sie schätzen. Sparen Sie deshalb nicht mit Film! Dank des geringen Stromverbrauchs der EOS 100 bei offenem Verschluß können Sie es sich leisten, einige Aufnahmen mit unterschiedlichen Belichtungszeiten zu machen. Die Blende werden Sie vermutlich möglichst weit öffnen, denn bei Nachtaufnahmen – wohl die häufigste Anwendung dieser Einstellung – ist meist kein naher Vordergrund im Spiel, der scharf abgebildet werden muß. Also lassen wir das Licht lieber der Belichtungszeit zugute kommen, zumal bei Zeiten über 1 – 2 Minuten hinaus – je nach Filmtyp – der Schwarzschild-Effekt zum Tragen kommen kann: Eine nur »tröpfelnd« auf den Film gelangende Lichtmenge erzeugt eine knappere Belichtung als dieselbe Lichtmenge, die über einen kurzen Zeitraum einwirkt. Mit anderen Worten, Sie verlieren die Proportionalität der Belichtungszeit. Und plötzlich müssen Sie zugeben. Doch auch hier ist das »Wieviel« meist ein Puzzle, solange man nicht streng methodisch (und mit entsprechenden Informationen vom Filmhersteller) an die Angelegenheit herangeht. Also lieber ein wenig mehr.

Die Bedienungsanleitung verrät Ihnen nichts darüber, ob Blitz mit Langzeitbelichtungen kombiniert werden kann. Mit Blitzautomatik natürlich nicht, und damit scheidet das eingebaute Blitzgerät aus. Bringen Sie jedoch ein externes Canon-Speedlite im Zubehörschuh an, so können Sie mit Handeinstellung durchaus ein Vordergrundobjekt mit Blitz »aufhellen«. Die Zeitbelichtung des Hintergrunds schließt sich dann dieser Blitzbelichtung an.

> **Wofür taugen Langzeitbelichtungen?**
>
> ● Dämmerungsaufnahmen.
> ● Nachtaufnahmen.
> ● Feuerwerksaufnahmen.
> ● Spezialeffekte.
> ● Innenaufnahmen nach der Offenblitztechnik.

Die Meßwertspeicherung (AEL)

Eine Speicherung der Belichtungsdaten gibt Ihnen letzte Freiheit, auf dies zu belichten und jenes scharfzustellen. So lassen sich zum Beispiel störende Lichtquellen oder helle Reflexe aus dem Bild verbannen.

Die entsprechende Taste befindet sich an der rechten Rückseite der Kamera, genau neben dem rechten Daumen. Und dieser ist natürlich auserkoren, im entscheidenden Moment Regie zu führen. Drücken Sie diese Taste bitte *ohne* vorher den Auslöser anzutippen! Im Sucher bestätigt ein »*«, daß die so ermittelte Belichtung gespeichert ist. Nun können Sie – nach Freigabe der Speichertaste! – diese Einstellung durch Antippen des Auslösers »am Leben halten«. Denn natürlich würde die Kamera nach sechs Sekunden abschalten, sollten Sie keine Anstalten machen, den Vorgang fortzusetzen.

Zwischendurch können Sie bequem die automatische Fokussierung ändern: Auslöser kurz freigeben und wieder antippen – das Objektiv stellt sich auf die neue Entfernung ein. Die Belichtungsdaten werden davon nicht berührt.

Ein Druck auf diese Taste führt zur Speicherung der Belichtungseinstellung, so daß Sie Belichtung und Scharfeinstellung trennen können. Denn wer sagt Ihnen, daß das für die Scharfeinstellung maßgebliche Detail auch repräsentativ für die Belichtung ist?

Belichtungskorrektur im Handumdrehen

Ein Belichtungskorrekturfaktor wird mit dem Daumenrad eingegeben, das zuvor mit dem darüberliegenden Schalter einzuschalten ist.

⁻2.1.▼.1.2⁺

Die in der Datenzeile unter dem Sucherbild sichtbare Korrekturskala macht die Einstellung zum Kinderspiel.

Zuweilen müssen wir der Belichtung auch bei einer Kamera nachhelfen, die durch Mehrfeldmessung bereits zu einer gewissen automatischen Belichtungskorrektur fähig ist. Dies kann einmal zur Erzielung besonderer Effekte der Fall sein, zur Schaffung einer besonderen Stimmung im Bild, sei es in Richtung High-Key oder Low-Key. Doch auch bei Reproduktionen oder Mehrfachbelichtungen leistet die Belichtungskorrektur wertvolle Dienste. Im ersteren Fall kann das Verhältnis von Hell und Dunkel in der Vorlage zu einer unerwünschten Verschie-

Die drei Beispiele demonstrieren, wie sich ein Korrekturfaktor auf das Bild auswirkt. Die obere Aufnahme wurde um -1 LW korrigiert, die untere um +1 LW. In der hier gezeigten Form ergibt sich praktisch eine Belichtungsreihe, die Sie in der Funktion AEB natürlich auch automatisch erzielen können. Primärer Zweck des Korrekturfaktors ist die Beeinflussung der Belichtung in einer bestimmten Richtung, sei es für eine einzelne Aufnahme oder eine Aufnahmeserie unter identischen Verhältnissen.

bung der Belichtung führen, im letzteren ist eine Korrektur unerläßlich, soll die mehrfache Belichtung ein und desselben
Filmstücks nicht zu völliger Überbelichtung führen.

Doch wozu brauchen wir eine solche Belichtungskorrektur,
wo doch die sinnvoll angewandte manuelle Einstellung im Programm »M« zu demselben Ergebnis führen würde? Nun, der
Vorteil der Belichtungskorrektur liegt gerade in der Erhaltung
der Automatik – ganz gleich, welches Belichtungsprogramm
Sie gewählt haben. Die Kamera reagiert nach wie vor auf Hel-
ligkeitsänderungen, stellt die Belichtung also laufend nach.
Der eingestellte Korrekturfaktor überlagert sich der jeweils aktuellen Belichtungseinstellung. Besonders interessant ist dies
natürlich, wenn Sie eine Reihe von Aufnahmen planen, die
sämtlich einer bestimmten Korrektur bedürfen.

Mit Korrekturfaktor reagiert die Automatik weiter auf Hellig-keitsänderungen

Die EOS 100 ist besonders pfiffig, wenn es auf die blitzschnelle Eingabe eines Korrekturfaktors ankommt. Denn sie
hat von der EOS 1 das überaus praktische Daumenrad auf der
Rückwand geerbt, das in den Kreativprogrammen (nach Einschaltung über seinen Schieber) auf eine sowohl im Sucher als
auch auf dem Monitor sichtbare Korrekturskala wirkt. Diese
zeigt die Abweichung in halben Stufen bis zu ± 2 Belichtungs-
stufen (LW) an. Schneller, bequemer und sicherer geht's nicht.
Zudem haben Sie die Korrektur auf der in diesen Programmen
stets sichtbaren Skala permanent vor sich, denn es versteht
sich, daß Sie auf Null zurückstellen müssen, wenn nachfolgen-
de Aufnahmen keiner Korrektur mehr bedürfen.

Automatische Belichtungsreihen (AEB)

Diese Funktion übernimmt die EOS 100 von anderen an-
spruchsvollen EOS-Modellen, mit der Canon einen gewissen
Profi-Anspruch stellte. Der Profi, so sagte sich Canon, muß auf
Nummer Sicher gehen und macht deshalb im Zweifelsfall ein
paar zusätzliche Aufnahmen mit abweichender Belichtung,
um sich dann von den fertigen Bildern die besten auszusu-
chen.

Natürlich ist es angenehm, wenn die Kamera die Arbeit
übernimmt und in schneller Folge – automatisch – drei Belichtungen nacheinander macht: mit der gewünschten Unterbelichtung, mit der gemessenen Belichtung und mit der gewünschten Überbelichtung. An der EOS 100 können Sie das
Maß der Abweichung in halben Stufen bis zu ± 2 Stufen einstellen. Hierzu drehen Sie die Wählscheibe auf »AEB« und stellen
den gewünschten Streufaktor mit dem Einstellrad ein. Er erscheint sowohl digital auf dem Monitor als auch in der Korrekturskala im Monitor und im Sucher.

Nachdem Sie das bewerkstelligt haben, dürfen Sie noch nicht losschießen. Zuvor nämlich müssen Sie die Wählscheibe auf das gewünschte Belichtungsprogramm stellen, in dem die Belichtung so variiert werden soll. Erst dann führt ein Druck auf den Auslöser zur automatischen Belichtungsreihe, und zwar

Automatische Belichtungsreihen bewähren sich besonders bei sehr kontrastreichen Motiven, wenn eine etwas längere oder kürzere Belichtung den Ausschlag für ein optimales Ergebnis geben kann.

Bei einer Belichtungsreihe macht die Kamera eine Aufnahme mit der gewünschten Unterbelichtung, eine zweite gemäß Messung und eine dritte mit der gewünschten Überbelichtung.

auch dann, wenn der Motor auf Einzelbildern steht. Die Kamera wiederholt die Fokussierung bei der zweiten und dritten Aufnahme nicht, denn man wird Belichtungsreihen nur bei in sich ruhigen Motiven einsetzen. Nach den Reihenaufnahmen stellen Sie den Faktor in gleicher Weise wieder auf Null zurück.

Je nach dem gewählten Belichtungsprogramm wird die Belichtungsstreuung – zwangsläufig – mit unterschiedlichen Mitteln erzielt: Bei Programmautomatik werden Zeit und Blende variiert; bei Zeitautomatik, Schärfentiefenautomatik und Handeinstellung wird die Zeit verändert, bei Blendenautomatik ausschließlich die Blende.

Die Über- bzw. Unterbelichtung braucht durchaus nicht symmetrisch um die korrekte Belichtung angeordnet zu sein, denn die Belichtungsreihenautomatik ist mit der Belichtungskorrektur kombinierbar. In diesem Fall ergibt die Einstellung für die Belichtungsreihe die Größe der Abweichung von Aufnahme zu Aufnahme, der Korrekturfaktor hingegen verschiebt die Reihe entsprechend der gewählten Einstellung nach Plus oder Minus.

Ein Beispiel verdeutlicht den Effekt: Einstellung der Belichtungsreihenautomatik (AEB) auf 0,5. Einstellung des Korrekturfaktors +1,0.

1. Aufnahme −0,5 + 1,0 = Belichtung +0,5
2. Aufnahme   0 + 1,0 = Belichtung +1,0
3. Aufnahme +0,5 + 1,0 = Belichtung +1,5

Bei der Wahl des AEB- und gegebenenfalls Korrekturfaktors ist darauf zu achten, daß die Bereichsgrenzen von Blende und Verschlußzeit durch die Verschiebung nicht überschritten werden. Nicht einsetzbar ist die Belichtungsreihenautomatik mit den vollautomatischen Programmen, »M« sowie Blitz. Und wenn Sie die Filmpatrone entnehmen, wird AEB – sollte es eingestellt sein – automatisch zurückgestellt.

Mehrfachbelichtungen (ME)

Während der Film nach jeder Belichtung automatisch um ein Bild weitertransportiert wird, verbleibt er in der Einstellung für Mehrfachbelichtungen am selben Ort, und es werden lediglich der Verschluß und der Spiegel neu gespannt. Allerdings empfiehlt es sich nicht, Mehrfachbelichtungen gerade am Filmanfang oder -ende zu machen, weil sich der starke Filmdrall dort nachteilig auf die Paßgenauigkeit auswirken kann.

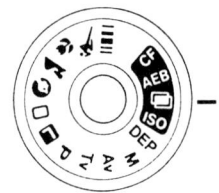

Nachdem Sie die Wählscheibe auf das Symbol der versetzten Rechtecke gedreht haben, erscheint dieses im Monitor. Im Bereich des Bildzählers erscheint die Anzahl der vorgewählten Belichtungen pro Filmstück. Mit dem Einstellrad können Sie bis zu neun Mehrfachbelichtungen wählen.

Und nun kommt etwas, was Ihnen die Bedienungsanleitung verschweigt: In der gewählten Einstellung geschieht nämlich überhaupt nichts. Zuvor müssen Sie die Wählscheibe auf das gewünschte Belichtungsprogramm drehen. Erst dann können Sie erleichtert auf den Auslöser drücken...

Doch gemach! Vorher sollten Sie noch einen Belichtungskorrekturfaktor einstellen, denn natürlich addiert sich die mehrfache Belichtung, so daß jeweils nur ein Teil zur Wirkung kommen darf. Als Faustregel sollten Sie −1 für zwei Belichtungen, −1,5 für drei bzw. −2 für vier einstellen. Dies können jedoch nur Richtwerte sein, da Hintergrund und Objekthelligkeit entscheidenden Einfluß haben.

Mehrfachbelichtungen erfordern die Eingabe eines Korrekturfaktors

Der Hintergrund verdient bei Mehrfachbelichtungen besondere Aufmerksamkeit. Vor einer dunklen Fläche heben sich mehrfach belichtete Objekte am besten ab. Auch hier geht es ohne ein wenig Experimentieren nicht ab.

Nach den Mehrfachbelichtungen transportiert die Kamera den Film um eine Bildlänge weiter. Die ME-Einstellung wird dabei automatisch gelöscht; die Kamera ist wieder auf normalen Aufnahmebetrieb geschaltet.

Die maßgeschneiderte EOS 100

Ein Druck auf die Speichertaste genügt zur Umschaltung der jeweils angezeigten Funktion.

Die Elektronik der EOS 100 ist so leistungsfähig, daß Sie eine Reihe von Funktionen sogar nach Ihren persönlichen Bedürfnissen mit wenigen Tastendrücken umprogrammieren können. Auch in diesem Punkt steht Canon recht konkurrenzlos da, denn andere Kameras kennen diese Möglichkeit entweder überhaupt nicht, oder aber sie verlangen nach Zubehör, das erstens Geld kostet und zweitens zu zusätzlichem Ballast wird, weil es eben irgendwo verstaut, hervorgekramt und weggepackt werden muß. Der Tiefstapler EOS schüttelt all das – eingebaut – aus dem Ärmel.

Sieben Funktionen sind es, die sich an der EOS 100 auf diese Weise umpolen lassen. Mit Sicherheit werden Sie sich nicht für alle interessien, doch das ist auch nicht Sinn der Sache. Wenn Sie nur eine entdecken, die Ihnen einen Herzenswunsch erfüllt, hat sich der Aufwand schon gelohnt.

Die individuell programmierbaren Funktionen auf einen Blick

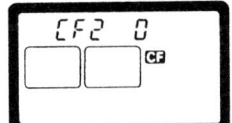

Solange auf dem Monitor eine Null erscheint, arbeitet die Kamera in der Grundfunktion.

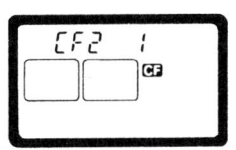

Eine »1« im Monitor weist eine umprogrammierte Funktion aus.

CF	Grundprogramm (O)	Umprogrammiert auf (1)
1	automatische Filmrückspulung am Filmende	Rückspulung nur bei Druck auf die Rückspultaste
2	Synchronisation des eingebauten Blitzgeräts auf ersten Vorhang	Synchronisation auf zweiten Verschlußvorhang
3	automatische Filmempfindlichkeitseinstellung nach DX-Code	manuelle Filmempfindlichkeitseinstellung
4	Autofokus-Meßblitze	Autofokus-Meßblitze abgeschaltet
5	Belichtungsspeicherung mit Speichertaste	Schärfentiefenkontrolle auf Mattscheibe mit Speichertaste
6	Signaltöne	Keine Musik
7	Keine Spiegelvorauslösung	Spiegelauslösung im Selbstauslöser- und und Fernauslöserbetrieb

Die Einstellung selbst ist Sekundensache. Wenn Sie die Wählscheibe auf »CF« drehen, erscheinen diese beiden Buchstaben im Monitor. Sie stehen für »Custom Function«. Daneben steht im Normalfall eine Null: Die Normalfunktion ist in Betrieb. Ein Druck auf die Speichertaste (rechter Daumen) schaltet die Anzeige auf »1«: Die Kamera ist alternativ programmiert. Dann drehen Sie die Wählscheibe wieder auf eine normale Position. Zur Rückstellung auf Null genügt ein weiterer Druck auf die Speichertaste.

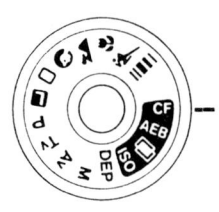

Die Leichtigkeit, mit der sich die einzelnen Funktionen umpolen lassen, gestattet den ganz gezielten Einsatz einzelner Funktionen. Dies erhöht den Gebrauchswert der individuellen Programmierung ganz beträchtlich.

Die Programmierung ist Sekundensache

Funktion 1: Filmrückspulung (CF 1)

Sie schnurrt zwar nur noch, sanft wie ein Kätzchen, doch ein Rest Geräusch ist auch in der EOS 100 mit der Filmrückspulung verbunden. Normalerweise geht es völlig in den Umweltgeräuschen unter. Fotografieren Sie hingegen in besonders »feierlicher« Umgebung, könnte das plötzlich (und für den Fotografen oft genug unerwartet) einsetzende Rückspulgeräusch stören. Um dieser Eventualität zu steuern, läßt sich die EOS 100 so programmieren, daß die Filmrückspulung nicht automatisch einsetzt, sondern durch Druck auf die Rückspultaste gestartet werden muß.

Funktion 2: Blitzsynchronisation auf den zweiten Vorhang (CF 2)

Die Synchronisation des eingebauten Blitzgeräts auf den zweiten Verschlußvorhang brauchen Sie nur bei relativ langen Belichtungszeiten. Bei den kürzeren Synchronzeiten würde kein Unterschied sichtbar. Was es genau mit dieser Synchronisationstechnik auf sich hat, lesen Sie im Blitzkapitel.

CF 2 für lange Verschlußzeiten

Funktion 3: Filmempfindlichkeitseinstellung (CF 3)

In der Grundeinstellung tastet die Kamera den DX-Code automatisch von der Filmpatrone ab, so daß Sie sich bei DX-codierten Filmen – und das sind heute die meisten – nicht um die Filmempfindlichkeitseinstellung zu kümmern brauchen. Trotzdem können Sie diese automatische Einstellung jederzeit manuell überspielen. Eine dergestalt geänderte Einstellung »vergißt« die Kamera jedoch wieder, sobald Sie die Filmpatrone entnehmen.

Engagierte Fotografen verlassen sich häufig nicht auf die vom Hersteller angegebene Nennempfindlichkeit des Materials, sondern bestimmen nach Testaufnahmen, auf welche

Empfindlichkeit sie Film einer bestimmten Emulsionsnummer für ihre Zwecke belichten wollen. Oder sie bevorzugen eine generell vielleicht etwas knappere Belichtung, um sattere Farben zu erhalten. Und da wäre es natürlich lästig, wenn sie diese (abweichende) Empfindlichkeit für jeden Film einzeln einstellen müßten. Mit Funktion 3 läßt sich die EOS deshalb generell auf manuelle Empfindlichkeitseinstellung programmieren. Diese Einstellung bleibt auch bei der Entnahme der Filmpatrone erhalten, wie dies früher bei jeder Kamera üblich war. Damit wird diese Funktion auch für die nichtprofessionelle Fotografie interessant, sobald man überwiegend Material ein und derselben Nennempfindlichkeit verwendet, jedoch grundsätzlich ein wenig länger oder kürzer belichten möchte.

Funktion 4: Abschaltung der Autofokus-Meßblitze (CF 4)

Sollte in Sonderfällen das Aufleuchten des eingebauten AF-Hilfsilluminators bei schwachem Licht – vielleicht sogar bei völliger Dunkelheit – stören, kann die Abgabe von Meßblitzen mit dieser Funktion völlig unterbunden werden.

Funktion 5: Schärfentiefenkontrolle auf der Mattscheibe (CF 5)

Jetzt wird's hochinteressant! Denn eine Abblendtaste besitzt die EOS 100 leider nicht. Die Möglichkeit der getrennten Belichtungsspeicherung, wie sie die Speichertaste an der Kame-

Unten: Sobald es sich nicht um reine Schnappschüsse handelt, erlangt eine visuelle Prüfung der Schärfentiefe auf der Mattscheibe eminente Bedeutung. So können Sie bei umprogrammierter Funktion 5 durch Druck auf die Speichertaste jederzeit bequem ermitteln, ob zum Beispiel eine Person bei Arbeitsblende am (scharfen) Hintergrund klebt oder gegen diesen (in Unschärfe getauchten) Hintergrund freigestellt ist.

rarückseite bietet, werden Sie andererseits wahrscheinlich nur selten nutzen. Was also liegt näher, als diese Taste generell auf »Abblenden« umzupolen?

Damit gewinnen Sie eine fantastische Hilfe für die Beurteilung der Bildwirkung vor der Aufnahme. Ein Druck auf die Speichertaste führt Ihnen nämlich vor Augen, wie das Bild bei *Arbeitsblende* aussieht. Denn wenn Sie nicht gerade mit einem ausgesprochenen Sparobjektiv fotografieren, das sich seine mickrige Lichtstärke kaum noch in den Gravurspiegel zu schreiben getraut, sehen Sie das Sucherbild ja ständig mit einer normalerweise viel größeren Öffnung als sie schließlich für die Belichtung verwendet wird. (Denn nur so steht Ihnen ein helles, brillantes Sucherbild zur Verfügung, in dem zudem die präzise Lage der Schärfenebene leicht auszumachen ist.) Abgeblendet wird das Bild zwar deutlich dunkler, doch dafür können Sie jetzt abschätzen, ob zum Beispiel bei einem Porträt der Hintergrund noch scharf erfaßt wird oder bereits ausreichend in Unschärfe getaucht ist. Gerade am Anfang ihrer fotografischen Exkurse sollten Sie reichlich Gebrauch machen von dieser Möglichkeit.

Visuelle Schärfentiefenkontrolle ist von großem praktischen Wert

Und wenn Sie die Meßwertspeicherung wirklich einmal brauchen, ist es ein Klacks, CF5 wieder auf »0« zu stellen.

Funktion 6: Keine Musik (CF 6)

Ständiges Piepsen kann einen Fotografen schier zur Verzweiflung bringen, obwohl die Hersteller diese permanente Begleitmusik bei Anfängern für nützlich halten. Wenn Ihnen also die Piepserei auf die Nerven geht – bitte schön, mit CF6 auf »1« verschaffen Sie sich Ruhe.

Wenn Sie nicht mögen, daß es bei Ihnen piept ...

Funktion 7: Spiegelvorauslösung

Der Schwingspiegel einer Reflexkamera muß unmittelbar vor dem Verschlußablauf blitzschnell hochgeklappt werden. Beim Abbremsen in der oberen Stellung lassen sich Vibrationen naturgemäß nicht völlig vermeiden. Bei normalen Belichtungszeiten wirken sich diese nicht nachteilig auf die Bildschärfe aus. Fotografieren Sie hingegend mit sehr langen Belichtungszeiten, läßt sich die Bildschärfe unter Umständen verbessern, wenn der Spiegel einige Zeit vor dem Verschlußablauf hochgeklappt wird, so daß Restschwingungen abklingen können.

Funktion 7 führt bei Selbst- und Fernauslöseraufnahmen zum Hochklappen des Spiegels beim Druck auf den Auslöser. In den folgenden 10 s Vorlaufzeit hat die Kamera Zeit, sich zu »beruhigen«.

Wechselobjektive sind Trumpf

Es gibt keine Frage: Zu dieser Kamera gehören ausschließlich Canon-Objektive! Fremdobjektive können zwangsläufig nicht dieselbe Leistung erbringen wie hauseigene Konstruktionen, die allein in den Genuß spezieller Canon-Entwicklungen wie des Bogenmotors und des Ultraschallmotors kommen. Schon aus diesem Grund – und weil die optimale Anpassung in der Datenübertragung fehlt – dürfen Sie bei einem Fremdobjektiv keine Canon-Maßstäbe an Fokussiergenauigkeit und -schnelligkeit legen. Vom Betriebsgeräusch oder der optischen Leistung wollen wir gar nicht einmal reden.

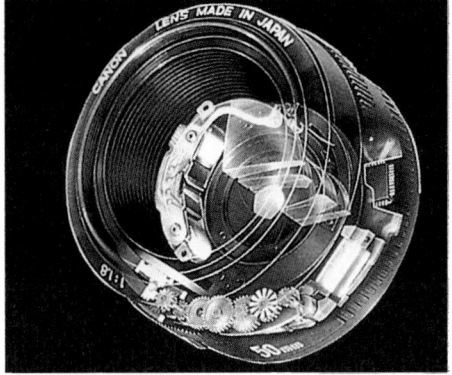

Alle Antriebselemente – und dies schließt den Fokussiermotor ein – sind direkt in die EF-Objektive eingebaut, so daß umständliche mechanische Übertragungselemente entfallen. Die Signalübertragung zwischen Kamera und Objektiv erfolgt vollelektronisch.

Apropos optische Leistung. Wer die Entwicklung der letzten Jahrzehnte aufmerksam und mit Sachkenntnis verfolgt hat, der weiß, daß Canon-Objektive absolute Spitzenklasse sind. Immer wieder trat Canon als Pionier optischer Höchstleistung auf. Als das sekundäre Spektrum nur Spezialisten ein Begriff war, züchtete Canon bereits künstliche Kristalle von einer Größe, die es erlaubte, daraus Linsen zu schleifen: Langbrennweitige Objektive mit Calciumfluorid-Linsen machten Furore ob ihrer phantastischen Leistung. Denn erst bei den langen Brennweiten macht sich dieser Abbildungsfehler so störend bemerkbar: Die einzelnen Lichtwellenlängen – die Farben des Spektrums – kommen in unterschiedlichem Abstand hinter einer Glaslinse zum Schnitt. Das Ergebnis sind Unschärfen. Normale fotografische Aufnahmeobjektive sind für zwei »Farben« korrigiert. Der restliche Farbfehler jedoch, das sekundäre Spektrum, nimmt bei längeren Brennweiten Größenordnungen an, die eine deutliche Minderung der Bildqualität bewirken. Erst die Korrektur für eine dritte Lichtwellenlänge,

Farbfehler führen zu Unschärfen

eine dritte »Farbe«, bringt jenen riesigen Qualitätssprung, der an apochromatischen Objektiven – wie man diese Systeme in der Fachsprache bezeichnet – immer wieder begeistert.

Apochromatisch korrigierte Objektive sind Spitzenklasse

Den Calciumfluorid-Linsen folgte die Entwicklung von Glassorten mit anomaler Teildispersion, dem UD-Glas, das Canon fortan zunehmend zur Erzielung höchster optischer Leistung einsetzte. Heute finden Sie dieses Glas bereits in einer beachtlichen Zahl von EF-Objektiven.

Doch nicht allein das Material war es, das Canon schuf. Neue Be- und Verarbeitungstechniken kamen hinzu. Als fast alle anderen Hersteller noch ausschließlich sphärisch schliffen, entwickelte Canon ökonomische Schleif- und Polierverfahren für *asphärische* Flächen. Und wieder sah der Objektivbau einen Sprung nach vorn: Höchstlichtstarke Objektive konnten in Serie gefertigt werden. Objektive wie – um nur ein Beispiel zu nennen – das FD 1:1,2/85 mm L setzten neue Maßstäbe, denn dank asphärischer Flächen gestatteten sie den Einsatz der vollen Öffnung bei hervorragender Abbildungsleistung. Heute profitieren immer mehr EF-Objektive von asphärischen Linsen, deren Großserienfertigung inzwischen zur Selbstverständlichkeit geworden ist.

Asphären führten zur Schaffung leistungsfähiger »Lichtriesen«

Oder sprechen wir von Innenfokussierung, jener von Canon als erstem Hersteller in einem serienmäßigen Fernobjektiv eingeführten Neuerung, die bald Furore machen sollte: Statt das gesamte optische System zur Fokussierung hin und her zu fahren, verschob man nur noch ein Linsenglied im Innern. Das Ergebnis: Wesentlich schmalere, leichtere Konstruktion, größere Handlichkeit, keine Gewichtsverlagerung bei der Entfernungseinstellung, höhere Abbildungsleistung und kürzere Naheinstellgrenze.

Der Ultraschallmotor weist den Weg in die Zukunft

Und nun schließlich Canon-Objektivmotoren. Denn bei Canon besitzt jedes EF-Objektiv seinen eigenen Fokussiermotor. Dadurch wird vollelektronische Signalübertragung zwischen Gehäuse und Objektiv möglich. Der Wegfall mechanischer Kupplungselemente beseitigt Verschleiß, Toleranzen, unnötigen Kraftaufwand. Der Objektivmotor und sein Drehmoment können präzise auf Größe und Eigenheiten des jeweiligen optischen Systems abgestimmt werden.

Mit der Entwicklung des Ultraschallmotors gelang Canon wieder ein großer Wurf. Wenn man sich vergleichend die »Kardanwellentechnik« anschaut, wie sie andere Kameras benötigen, die auf einen einzigen, ins Kameragehäuse eingebauten Fokussiermotor angewiesen sind, wird der immense Entwicklungsvorsprung Canons deutlich. Inzwischen sind wir wieder einmal an einer Schwelle angekommen: Ebenso wie UD-Glaslinsen, asphärische Flächen oder Innenfokussierung vor ihnen,

Technische Daten der EF-Objektive

Objektiv	AF-Motor	diag. Bildwinkel	Linsen/ Glieder	kleinste Blende	Naheinstellgrenze (m)	Filterdurchmesser (mm)	Baulänge (mm)	Gewicht (g)
EF 1:2.8/14 mm L USM	USM	114°	13/10	22	0,25	89	89	560
EF 1:2.8/15mm Fischauge	AFD	180°	8/7	22	0,2	Filterhalter eingebaut	62,2	330
EF 1:2.8/24 mm	AFD	84°	10/10	22	0,25	58	48,5	270
EF 1:2.8/28 mm	AFD	75°	5/5	22	0,25	52	42,5	185
EF 1:2/35 mm	AFD	63°	7/5	22	0,3	52	42,5	210
EF 1:1.8/50 mm II	AFD	46°	6/5	22	0,45	52	41	130
EF 1:1.0/50 mm L USM	USM	46°	11/9	16	0,6	72	81,5	985
EF 1:2.5/50 mm Makro	AFD	46°	9/8	32	0,23	52	63	280
Makro-Konverter EF	–	–	4/3	–	–	–	34,9	160
EF 1:1.2/85 mm L USM	USM	28°30′	8/7	16	0,95	72	84	1025
EF 1:2/100 mm USM	MM	24°	8/6	22	0,9	58	73,5	460
EF 1:2.8/100 mm Makro	MM	24°	10/9	32	0,31	52	105,5	650
EF 1:2.8/135 mm Softfocus	AFD	18°	7/6	32	1,3	52	98,4	390
EF 1:1.8/200 mm L USM	USM	12°	12/10	22	2,5	48*	208	3000
EF 1:2.8/200 mm L USM	USM	12°	9/7	32	2,5	72	136,2	790
EF 1:2.8/300 mm L USM	USM	8°15′	8/7	32	3,0	48*	253	2855
EF 1:4/300 mm L USM	USM	8°15′	11/9	32	2,5	77	213,5	1165
EF 1:2.8/300 mm L USM	USM	8°15′	9/8	32	4	48*	348	6100
EF 1:4/400 mm L USM	USM	6°10′	15/12	32	6,0	48*	456	6000
EF 1:2.8/400 mm L USM	USM	6°10′	15/11	32	6,0	48*	540	6000
EF 1:4/600 mm L USM	USM	4°10′	15/12	32	6,0	48*	540	6000
EF 1:2.8/20-35mm L	AFD	94°-63°	13/12	22	0,5	72	119,5	540
EF 1:2.8-4/28-80 mm L USM	USM	75°-30°	10/9	22	0,5	72	77,5	945
EF 1:3.5-5.6/28-80 mm USM	USM	75°-30°	8/8	22-38	0,37	58	77,8	330
EF 1:3.5-5.6/28-80 mm USM	USM	63°-30°	13/12	22-32	0,85	58	61	190
EF 1:4-5.6/35-80 mm	MM	63°-23°20′	16/12	22-27	0,95	58	63,3	280
EF 1:3.5-4.5/35-105 mm	AFD	63°-18°	14/12	22-29	0,75	58	94,5	475
EF 1:3.5-4.5/35-135 mm	MM	63°-18°	14/10	22-32	1,5	58	86,4	425
EF 1:4-5.6/35-135 mm USM	USM	63°-18°	13/9	32	1,5	58	121,5	550
EF 1:3.5-4.5/70-210 mm USM	USM	34°-11°20′	14/11	27-32	1,5	58	122	550
EF 1:4-5.6/75-300 mm	MM	32°-8°15′	16/13	32-45	1,5	58	121,5	500
EF 1:4-5.6/80-200 mm	MM	30°-12°	10/7	32	1,8	72	185,7	1330
EF 1:2.8/80-200 mm L	AFD	30°-12°	13/10	22-27	1,5	52	77,8	265
EF 1:4.5-5.6/80-200 mm	MM	30°-12°	15/10	32	1,5	58	121,5	540
EF 1:4.5-5.6/100-300 mm	USM	24°-8°15′	13/10	32	1,5	58	122	695
EF 1:4.5-5.6/100-300 mm USM	AFD	24°-8°15′	15/10	32	1,5	52	166,6	670
EF 1:5.6/100-300 mm L	USM	24°-8°15′	11/9	32	1,5	72	166,6	695
TS-E 1:3.5/24 mm L	–	84°	10/6	22	0,3	72	86,8	570
TS-E 1:2.8/45 mm	–	51°	6/5	22	0,4	72	90,1	645
TS-E 1:2.8/90 mm	–	27°	5/4	32	0,5	58	88	565
Extender EF 1.4x	–	–	7/5	–	–	–	27,3	200
Extender EF 2x	–	–	–	–	–	–	50,5	240
Zwischenring EF 25	–	–	–	–	–	–	27,3	125

* Steckfilter

setzen Ultraschallmotoren jetzt zum Sprung vom »Exotensta-
tus« hinein in die tägliche Praxis, in die Selbstverständlichkeit,
an. Allerdings nur in Canon-Objektiven.

Das Fischauge

Den größten für die EOS 100 zur Verfügung stehenden Bildwinkel bietet ein Spezialobjektiv – das Fischauge EF 1:2,8/15 mm –
das über die Formatdiagonale den extremen Bildwinkel 180°
auszeichnet. Möglich wird dies bei vollformatiger Abbildung
nur durch Tolerierung einer Verzeichnung, die zum Bildrand hin
zu einer deutlichen Durchbiegung gerader Linien führt. Durch
das Bildzentrum verlaufenden Linien bleiben jedoch unverzeichnet.

Fischauge
EF 1:2,8/15 mm

   Die Größe eines solchen Bildwinkels können wir uns nur
schwer vorstellen, und der Blick durch den Kamerasucher wird
zur absoluten Voraussetzung für die – nicht leichte – Bildgestaltung. Denn immerhin bringt dieses Objektiv fast alles auf

Typisch für ein Fischau-
genobjektiv ist die
Durchbiegung in der
Natur gerader Linien zum
Rand. Durch den Bildmit-
telpunkt verlaufende
Linien bleiben hingegen
unverzeichnet. In der Pra-
xis wird man sich dies
zunutze machen, um die
verzeichnungsbedingte
Verfremdung in Grenzen
zu halten.

den Film, was sich vor seiner Frontlinse befindet! So sind denn
auch seine Einsatzmöglichkeiten im Vergleich zu anderen
Brennweiten begrenzt. An die Motivauswahl und Bildgestaltung stellt dieses Objektiv besonders hohe Ansprüche.
   Als Folge des enorm großen Bildwinkels wird der Unterschied zwischen nah und fern im Fischaugenbild besonders
stark übertrieben. Motivteile, die als Vordergrund wirksam werden sollen, müssen sich deshalb so nah an der Frontlinse befinden, daß man förmlich erschrickt, wenn man nach der Bildgestaltung im Sucher die Kamera absetzt: Ohne es zu merken,
hatte man sich den Vordergrundstrukturen so stark genähert,
daß man sie fast »gerammt« hätte.

Die weiten Winkel

Es hat sich eine Menge getan im EF-Programm, das Canon inzwischen mit Hochdruck ausgebaut hat. So beginnt der (unverzeichnete) Superweitwinkelbereich heute bereits bei 14 mm Brennweite – und das ist kürzer noch als das Fischauge! Canon hat es fertiggebracht, ein im Sinne der bildmäßigen Fotografie verzeichnungsfrei abbildendes Objektiv mit einem diagonalen Bildwinkel von 114° zu bauen. Das EF 1:2,8/14 mm L USM ist natürlich ein Spezialist, und ein nicht gerade billiger dazu. Doch der wirklich engagierte Anwender, der Profi, wird dankbar sein dafür.

Das EF 14 mm erschließt die Welt in neuer, weiter Sicht. Zu den Bildrändern und insbesondere in den Ecken werden Kreise bereits deutlich zu Ellipsen verformt. Doch das ist keine Verzeichnung, sondern perspektivische Verzerrung – allein eine Folge des extremen Winkels und damit optisch nicht korrigierbar.

Weitwinkelobjektive sind durchaus auch für Schnappschüsse geeignet, bei denen sie lediglich schnelles Zupacken erfordern, um die Natürlichkeit des Motivs nicht zu zerstören.

Das Objektiv wartet mit einer asphärischen Linse und Innenfokussierung auf. Es besitzt keinen Motorring zur manuellen Fokussierung mehr, sondern ein mechanisches Einstellsystem. Damit entfällt jeder Stromverbrauch bei der manuellen Fokussierung, und zudem kann die Schärfe selbst im Autofokus-Betrieb jederzeit von Hand eingestellt werden. Andererseits – bei 14 mm ist die Schärfentiefe von Haus aus so groß, daß man das Thema Entfernungseinstellung eigentlich vergessen kann.

Es schließt sich an das EF 1:2,8/24 mm, das einen diagonalen Bildwinkel von 84° überstreicht und damit bereits eine deutlich andere »Handschrift« schreibt als ein Normalobjektiv.

Der größere Bildwinkel »streckt« die Perspektive, vergrößert den Abstand zwischen nah und fern im Bild. Fluchtlinien verjüngen sich stärker zum Hintergrund und schaffen damit gesteigerte Dynamik. Diagonalen wirken noch zwingender als bei längeren Brennweiten. Man bezeichnet die typische Darstellungsart von Weitwinkelobjektiven als »steile Perspektive«.

EF 1:2,8/24 mm

Je mehr eine kurze Brennweite aufs Bild bringt, um so kritischer wird die Ausrichtung der Kamera. Schon eine geringe Neigung nach oben oder unten verursacht stürzende Linien: Gebäude scheinen nach hinten bzw. vorn umzukippen. Das Auge empfindet eine solche Ansicht als unnatürlich und macht das dem Gehirn auch klar. Wir kaufen dem Fotografen diese Darstellung nicht ab, sind unbefriedigt. Eine geringe Abweichung in der Abbildung vertikaler Strukturen wird von uns als »Fehler« registriert, während der steile Blick nach oben, zum Beispiel zu einem Wolkenkratzer, als solcher erkannt und auch vom Gehirn akzeptiert wird.

Draußen in der Natur machen uns stürzende Linien kaum noch zu schaffen, und wir dürfen – oft genug sollten – die Kamera ruhig neigen, solange sich keine Gebäude oder ähnliches im Bild befinden. Hier fängt die »entfesselte« Kamera mit einem Weitwinkelobjektiv die ganze Weite einer Landschaft oder eine dramatische Himmelsstimmung ein. Doch auch in der Reportagefotografie bewährt sich der weite Winkel. Die kurze Brennweite zwingt zur starken Annäherung, die die Gefahr eines Dazwischenschiebens störender Eindringlinge verhindert. Ein gewisses Maß an optischer Verzerrung – eine reine Folge des großen Bildwinkels – müssen Sie dabei jedoch auch bei dieser Brennweite noch in Kauf nehmen. Bei zu starker Annäherung werden die der Kamera am nächsten liegenden Körperteile einer Person übertrieben groß dargestellt, was wiederum unser Harmoniegefühl verletzt.

EF 1:2,8/28 mm

Das EF 1:2,8/24 mm erfordert größeres fotografisches Einfühlungsvermögen von Ihnen als das EF 1:2,8/28 mm, das mit seinem Bildwinkel von 75° etwa den goldenen Mittelweg im Weitwinkelbereich darstellt. Denn die Anwendungsmöglichkeiten eines Objektivs nehmen in dem Maße ab, in dem es sich von der Normalbrennweite entfernt. So empfehlen sich 28 mm Brennweite noch durchaus für den fotografischen »Hausgebrauch«, 24 mm eher für den engagierten Fotografen.

Beide Objektive verfügen übrigens über eine asphärische Linse. Sie durchfahren den Entfernungsbereich – wie fast alle EF-Objektive, einschließlich der Zooms bis 135 mm Brennweite – in etwa 0,3 s.

Das EF 1:2/35 mm erfaßt diagonal noch 63° und gilt deshalb

Ein Weitwinkelobjektiv betont die Weite einer Landschaft. Durch das Mehr an Bildinhalt stellt es allerdings erhöhte Anforderungen an die Bildgestaltung. Hier führte eine tiefe Kniebeuge zur Einbeziehung des mageren Vordergrunds ins Bild. Die Plazierung des Horizonts im unteren Bilddrittel betont den stimmungsvollen Himmel, den ein Polfilter zusätzlich herausarbeitete.

schon als gemäßigtes Weitwinkelobjektiv. Und deshalb ging Canon hier auch auf eine um eine Stufe höhere Lichtstärke: Die 35 mm werden von Fotografen, die zum Weitwinkel neigen, gern als »individuelles Normalobjektiv« eingesetzt, so daß eine größere Öffnung hochwillkommen ist. (Es ist bedauerlich, daß uns angesichts der heutigen Sparzooms mit Boxkamera-Lichtstärke eine Öffnung 1:2 bereits »ultralichtstark« vorkommt. Dabei heißt hohe Lichtstärke nicht allein, daß man mit weniger Licht auskommt. Oft viel wichtiger sind die gestalterischen Möglichkeiten, welche die geringe Schärfentiefe der großen Öffnung – und eben nur diese große Öffnung! – bietet.)

Die Normalobjektive

In Sachen Brennweite entspricht »normal« etwa der Diagonale des jeweiligen Bildformats. Beim Kleinbildformat 24 mm x 36 mm beträgt die Bilddiagonale etwa 43 mm. Historische Gründe erklären, warum sich bei Kleinbild 50 mm als Normalbrennweite eingebürgert haben.

Mit Brennweite 50 mm erfaßt die EOS einen diagonalen Bildwinkel von 46°. Die von einem derartigen System erzeugte Perspektive ist so neutral, daß die Grenzen des Anwendungsbereichs dieser normalen Objektive außerordentlich weitgesteckt sind. Sie eignen sich neben so selbstverständlichen

Dingen wie allgemeinen Landschaftsaufnahmen insbesondere für die wertfreie Erfassung relativ naher Motive. Eine Totale würde zwar oft genug den Aufnahmegegenstand irgendwie auf den Film bannen, aber eben auch nur irgendwie. Fotografisch wesentlich aussagekräftiger ist gewöhnlich ein Teil des Ganzen, das Sie nun mit Ihrem Normalobjektiv suchen, isolieren und fotografisch entsprechend wirksam – das heißt aus einer günstigen Sicht und mit günstiger Anordnung innerhalb des Formatrahmens – festhalten sollten.

EF 1:1,0/50 mm L

Die preisgünstige Normalbrennweite ist das EF 1:1,8/50 mm II, das den ruhenden Pol des gesamten Systems darstellt. Seine Leistung ist ausgezeichnet, die Lichtstärke macht es tauglich für die Available-Light-Fotografie. Nachdem heute meist ein Zoomobjektiv als Grundausrüstung gewählt wird, die Zooms jedoch als Preis für ihre kompakte Bauweise mit der Lichtstärke geizen, kann das EF 1,8/50 mm II zum »Notnagel« werden, der Ihnen stets dann aus der Patsche hilft, wenn mit dem »normalen Normalen« – dem Zoom – nichts mehr geht oder aber die selektive Schärfe der vollen Öffnung gefragt ist.

Alternativ bietet sich das EF 1:1,0/50 mm L USM mit Ultraschallmotor dem zahlungskräftigen Spezialisten für Available Light als besonderer Leckerbissen. Als eines der lichtstärksten Objektive, die je für eine serienmäßige Fotokamera gebaut wurden, »sieht« es auch dann noch, wenn andere Systeme bei gleicher Filmempfindlichkeit längst die Waffen gestreckt haben. Allein, diese »Nachttauglichkeit« bei enorm hoher Leistung hat auch ihren Preis, und dies nicht nur in der Anschaffung, sondern in Volumen und Gewicht. Immerhin wiegt dieses Superobjektiv fast ein Kilo! So ist es ein ausgesprochener Spezialist und gewiß kein *Normal*objektiv im herkömmlichen Sinn.

Die kleinen Tele

In guter alter Canon-Tradition enthält auch das EF-Programm zwei kleine Tele mit besonders hoher Lichtstärke. Da wäre zunächst das EF 1:1,2/85 mm L USM. Auch dieses Objektiv mit Ultraschallmotor wiegt ein gutes Kilo, doch seine Leistung spricht für sich. Erst der Einsatz einer asphärischen Linse machte die hochgradige Korrektion selbst bei voller Öffnung 1:1,2 möglich. In Verbindung mit der leichten Telebrennweite 85 mm erlangt die hohe Lichtstärke besondere Bedeutung für die Reportagefotografie unter schlechten Lichtverhältnissen.

Wenngleich es richtig ist, daß 85 mm eine ideale Porträtbrennweite ergeben, sollte man sich hüten, das »kleine Tele« damit ebenso einseitig abzustempeln wie etwa ein Makro-Objektiv, das gleichfalls unter seiner Bezeichnung »leidet«. Nur zu

Gegenüberliegende Seite oben: Ideal für das Spiel mit der Schärfentiefe ist das kleine Tele. Aus kurzem Abstand gestattet es bei voller Aufblendung bereits die klare Absetzung des Motivs von der Umwelt.

Die leicht längere Brennweite des kleinen Tele ist hervorragend geeignet, die Komposition zu straffen, den Ausschnitt zu beschränken. Und damit kommt sie der Bildwirkung zugute, denn je weniger Unwesentliches abgebildet wird, um so direkter spricht das Bild den Betrachter an.

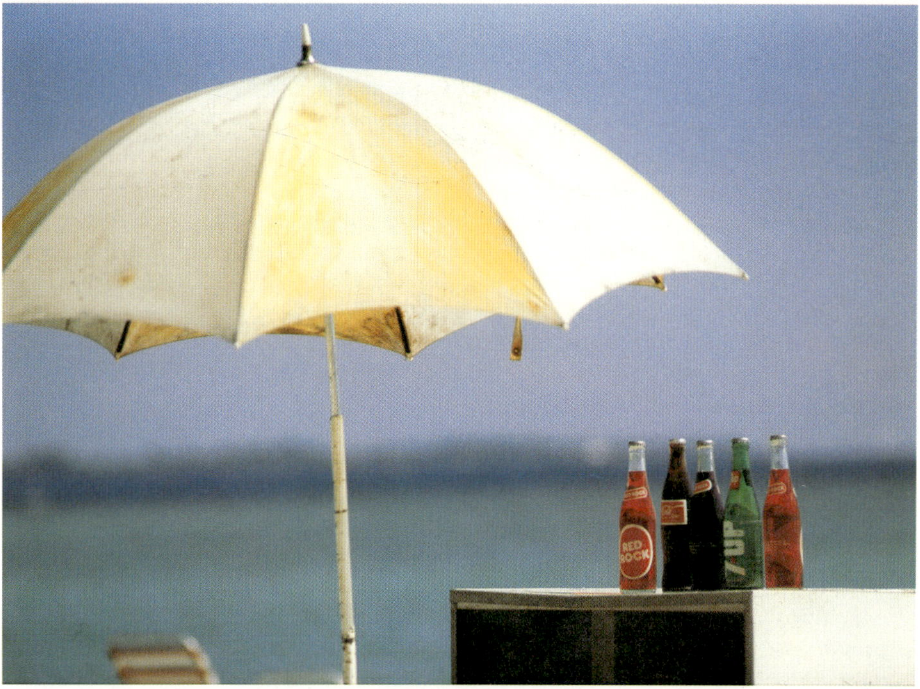
RED
ROCK

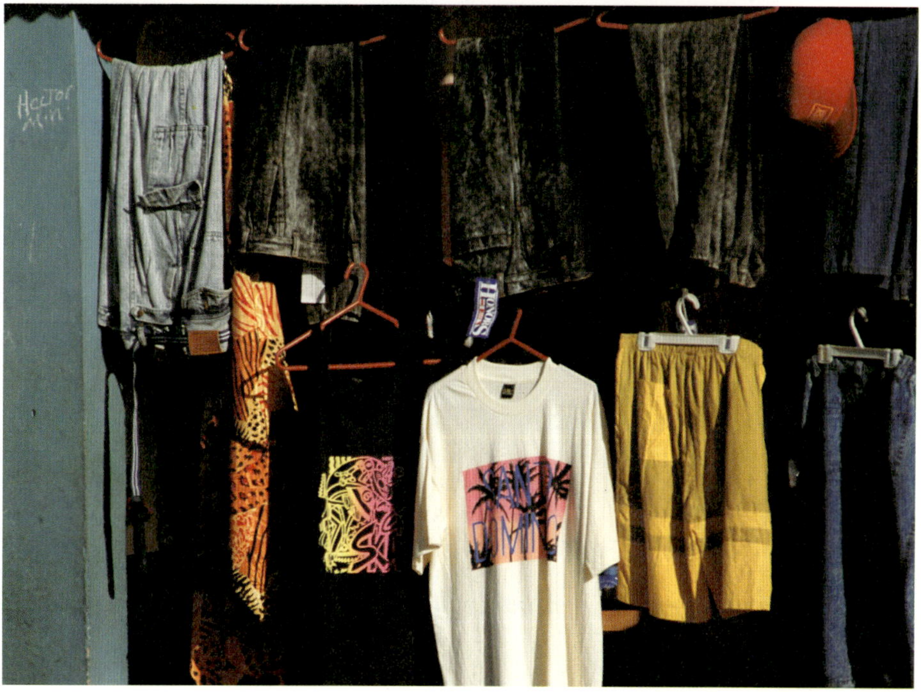

leicht entsteht der Eindruck, diese Objektive wären ausschließlich für die so umrissenen Aufgabenbereiche geeignet.
Das Gegenteil jedoch ist der Fall. Die 85 mm ergeben gegenüber dem Normalobjektiv eine wohltuende Ruhe, zwingen zur
Straffung des Bildaufbaus. Hand in Hand damit geht der
zwangsläufig größere Aufnahmeabstand, der Personen größere Unbefangenheit gibt. So eignet sich das kleine Tele für
schlichtweg alles, von der Landschaft über die Action-Foto-
grafie bis zum Porträt. Und nachdem es sich bei diesem EF-
Objektiv zudem um einen Lichtriesen handelt, natürlich auch
für die Available-Light-Fotografie, für Bühnenaufnahmen und
Reportagen. Die große Anfangsöffnung erfordert beträchtliche Linsendurchmesser, und so sind für dieses Objektiv Filter
des Durchmessers 72 mm erforderlich.

EF 1:1,2/85 mm L

Inzwischen gibt es auch ein EF 1:2/100 mm USM als, möchte
man sagen, hochlichtstarkes Theaterobjektiv. Doch bitte verstehen Sie diese Bezeichnung nicht falsch, denn sie kategori-
siert schon wieder. Hohe Lichtstärke – eine Canon-Spezialität
bei den festbrennweitigen Autofokus-Objektiven – bei der
doppelten Normalbrennweite schafft bezaubernde Möglichkeiten zum Beispiel in der Porträtfotografie, beim Schnappschießen unter schwierigen Verhältnissen und so weiter. Dabei
kommt dieses Objektiv noch mit Filtern des Durchmessers 58
mm aus.

Innenfokussierung sorgt dafür, daß sich das Vorderglied bei
der Scharfeinstellung nicht dreht, was der Verwendung von
Polfiltern und Effektvorsätzen entgegenkommt. Die manuelle
Fokussierung ist ohne Abschaltung von AF möglich.

Das Universal-Tele

Mit dem EF 1:2,8/135 mm Softfocus versucht Canon, zwei Flie-
gen mit einer Klappe zu schlagen: Zunächst sind 135 mm die
populärste Telebrennweite, die in der Anwendung absolut un-
problematisch ist, in der Wirkung jedoch bereits die typische
Handschrift der langen Brennweite erkennen läßt. Die für dieses Objektiv verwendete Bezeichnung »Softfocus« wird sich
nachteilig auf Canons Verkaufsziffern auswirken, denn sie ka-
tegorisiert das Objektiv wieder einmal einseitig. In Stellung 0
des entsprechenden Einstellrings ist das Objektiv nämlich ein
normaler Scharfzeichner, mithin ein völlig normales Teleobjektiv für eine Unzahl verschiedener Motive.

Erst wenn Sie den Weichzeichnerring in Stellung 1 oder 2
bringen, kommt die zweite Eigenschaft des Objektivs zur Gel-
tung: Es verwandelt sich in einen Weichzeichner, der licht-
durchflutete Motive – mit Vorliebe verwendet man ihn für Por-

EF 1:2,8/135 mm

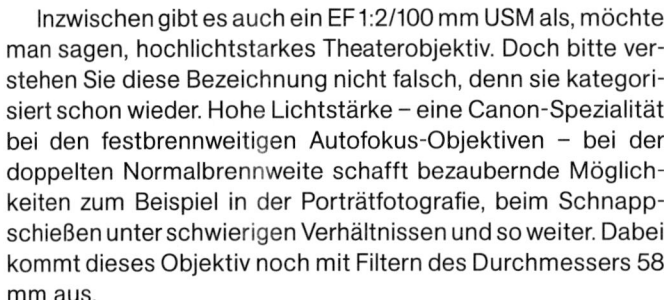

träts oder verträumte Landschaften – mit weichen Lichtsäumen überzieht und ihnen einen Hauch Romantik verleiht. Die Weichzeichnung ist nicht nur von der Stellung des Einstellrings abhängig, sondern auch von der zur Anwendung kommenden Arbeitsblende. Es versteht sich, daß sich der Effekt nur durch eigene Versuche abtasten läßt. Im Reflexsucher kann man ihn zwar abschätzen, im vergrößerten Bild tritt er jedoch möglicherweise stärker hervor. Bei starker Weichzeichnung besteht die Gefahr, daß das Motiv hinter einem milchig-weißen Schleier verschwindet, der eine geringfügig kürzere Belichtung erforderlich machen kann. Gegebenenfalls ist deshalb Selektivmessung oder die Eingabe eines Korrekturfaktors ratsam.

Weichzeichnung will fein dosiert sein

Lange Brennweiten der Sonderklasse

Die automatische Scharfeinstellung der EOS wird um so interessanter, je länger die verwendete Brennweite. Denn langbrennweitige Objektive erfordern wegen ihrer geringen Schärfentiefe sehr genaue Fokussierung. Wenn man dabei noch bewegte Objekte fotografiert, wie z.B. in der Sportfotografie, kann einen die präzise Nachführung der Schärfe ohne Autofokus schier zur Verzweiflung bringen.

Warum die Bezeichnung »Profi-Tele« bei den Objektiven EF 1:1,8/200 mm L USM, 1:2,8/300 mm L USM, EF 1:2,8/400 mm L

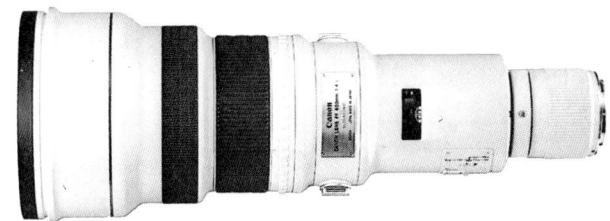

Drei der superlichtstarken Exoten, die EOS-Kameras im Bereich der langen Brennweiten zur Verfügung stehen.

USM und 1:4/600 mm L USM angebracht ist, werden Sie spätestens bei einem Blick auf die Preisliste verstehen: Tausende von Mark müssen Sie für jeden dieser apochromatisch korrigierten Exoten hinblättern. Was nicht heißen soll, daß Sie damit auch nur eine Mark verschenken würden – wenn Sie sie eben für diesen Zweck übrig haben. Und wenn Sie derartig

hochgezüchtete, hochlichtstarke Tele- bzw. Fernobjektive für Ihre Art der Fotografie brauchen.

Doch nicht ausschließlich an den Profi wendet sich Canon mit langbrennweitigen Objektiven. Für die derzeit – und zu Recht – so beliebte Telebrennweite 200 mm gibt es das EF 1:2,8/200 mm L USM als preiswertes Hochleistungsobjektiv großer Öffnung. Ein neuartiger optischer Aufbau gestattet die Kompensation des Öffnungsfehlers bei Änderung der Einstellentfernung. Dies führt zu einer merklichen Verbesserung der Abbildungsleistung im mittleren und Nahbereich. Zwei der neun Linsen im siebengliedrigen System bestehen aus UD-Glas mit anomaler Teildispersion und verringern die Farbrestfehler. Der optische Aufbau reduziert außeraxiale Abbildungsfehler auf ein Minimum.

Ultraschallmotor und Innenfokussierung garantieren superschnelle Scharfeinstellung im AF-Betrieb. Die manuelle Fo-

Die Brennweite 200 mm ist ideal zum unbemerkten Einfangen natürlicher Szenen. Mag das Spanisch der mexikanischen Campesinos auch auf orthografischen Irrwegen gehen, fotografisch macht es sich nicht schlecht.

kussierung erfolgt mit einem mechanischen Einstellring. Das EF 1:2,8/200 mm USM ist mit den Canon-EF-Konvertern 1,4x und 2x kompatibel, so daß sich Autofokus-Objektive mit den Daten 1:4/280 mm bzw. 1:5,6/400 mm ergeben. Der Filterdurchmesser beträgt 72 mm.

Die Brennweite 200 mm ist eine der auch für eine automatische Kamera interessantesten, denn sie erschließt Ihnen – insbesondere auf relativ kurze Entfernungen eingesetzt – faszinierende Aufnahmen. Der Bildwinkel von nur noch 12° sorgt für enorme Ruhe im Bild, für weitgehende Konzentration im Ausschnitt. Die Schärfentiefe ist bei dieser Brennweite bereits eng begrenzt, was sich auf kurze Abstände besonders stark auswirkt. Deshalb wirken zum Beispiel Personenschnappschüsse mit 200 mm – oder einer noch längeren Brennweite – so zwingend: Der starke Schärfenabfall zum Vorder- bzw. Hintergrund taucht alles Unwichtige in Unschärfe, läßt allein das Motiv üb-

Lange Brennweiten sorgen für Ruhe im Bild

rig. Wenn wir übrigens an dieser Stelle von Brennweite 200 mm sprechen, so brauchen wir uns gedanklich nicht auf festbrennweitige Objektive zu beschränken, denn natürlich gelten alle diese Aussagen ebenso für die Zoomobjektive, die diese Brennweite einem noch größeren Kreis von Hobbyfotografen erschließen.

Eine Parallelentwicklung ist das EF 1:4/300 mm L USM, das sich gleichfalls als preiswertes Hochleistungsobjektiv versteht. Es zeichnet sich durch hochgradige Korrektur der Abbildungsfehler über den gesamten Einstellbereich aus. Wieder dienen zwei Linsen aus UD-Glas mit anomaler Teildispersion zur Verringerung der Farbrestfehler. Auch bei diesem System konnten außeraxiale Abbildungsfehler auf ein Minimum reduziert werden.

Und nun auch langbrennweitige Hochleistungsobjekte für den Hobbyfotografen

Ultraschallmotor und Innenfokussierung zeichnen auch dieses Objektiv aus. Zur manuellen Fokussierung dient ein

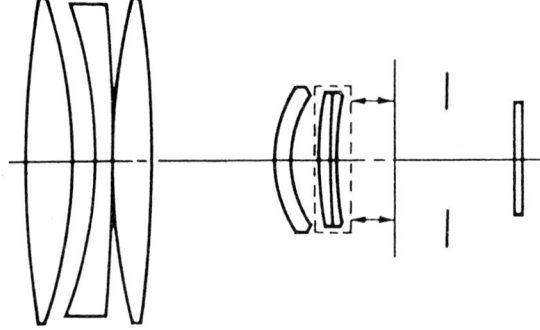

Innenfokussierung verringert die zu bewegenden Massen und gestattet die Schaffung wesentlich kompakterer Objektive mit höherer Nahbereichsleistung und kürzerer Naheinstellgrenze. Der Objektivschwerpunkt verlagert sich bei der Fokussierung nicht.

mechanischer Einstellring. Das EF 1:4/300 mm L USM kann mit dem EF-Konverter 1,4x kombiniert werden, so daß sich ein Autofokus-Objektiv mit den Daten 1:5,6/420 mm ergibt. Bei Verwendung des EF-Konverters 2x ergibt sich ein System mit den Daten 1:8/600 mm, doch ist in diesem Fall manuelle Fokussierung erforderlich.

Die Brennweiten 300 mm, 400 mm oder gar 600 mm erzeugen eine stark gestauchte Perspektive. Bilddetails, die in der Natur weit voneinander entfernt sind, werden so weit aufeinandergerückt, daß sie fast in einer Ebene zu liegen scheinen. Typisch jene Aufnahmen, die ein Gebäude oder eine Stadtsilhouette gegen eine dominierende, zum Greifen nahe Bergkette zeigen – während in Wirklichkeit 50 oder mehr Kilometer Entfernung zwischen beiden liegt. Das ist die Handschrift der

Je kürzer der Abstand, auf den ein langbrennweitiges Objektiv eingesetzt wird, um so krasser nimmt die Schärfentiefe ab. Dieser Effekt ist dem Fotografen meist hochwillkommen, denn er stellt das Motiv gegen einen in Unschärfe getauchten Hintergrund frei.

Extender EF 2x

Extender EF 1,4x

langen Brennweite, die eine perspektivisch eigene Welt schaffen und den realen Tatbestand bis zur Unkenntlichkeit verändern kann. Für Aufnahmen eingesetzt, die informieren sollen, wird die lange Brennweite (ebenso wie die superkurze) zum Lügner. Im Sinne der reinen fotografischen Gestaltung hingegen darf sie das Spiel der Verfremdung getrost bis zum Extrem treiben.

Für die genannten Objektive gibt es zwei spezielle Telekonverter, sogenannte Extender. Der Extender EF 2x verlängert die Brennweite des Grundobjektivs um das Doppelte, der EF 1,4x um den Faktor 1,4. Dabei gehen im ersteren Fall zwei Blenden, im letzteren eine Blende an Lichtstärke verloren. Die Naheinstellgrenze der Objektive bleibt jedoch unverändert, so daß sich mit dem Zweifach-Extender der doppelte Abbildungsmaßstab ergibt.

Die Zoomobjektive

»Zooms« werden sie im schnoddrigen Deutsch-Englisch dieser Tage kurz genannt. Nach DIN sind es »Vario-Objektive«, jene Systeme, deren Brennweite sich – natürlich in Grenzen – stufenlos verändern läßt. Sie haben die Welt der Kleinbild-Reflexfotografie entscheidend beeinflußt, denn sie stellen eine Vielzahl von Bildwinkeln zur Verfügung – lediglich auf Schub oder Dreh, ohne jeden Objektivwechsel.

So angenehm es ist, einen ganzen Objektivsatz gegen ein einziges System einzutauschen, so groß ist die Gefahr einer Verflachung. Denn ebenso wie im Film das »Pumpen« mit dem Zoomobjektiv, das ständige – meist unmotivierte – Rein und Raus, zur wahren Seuche geworden ist, ebenso verführt das

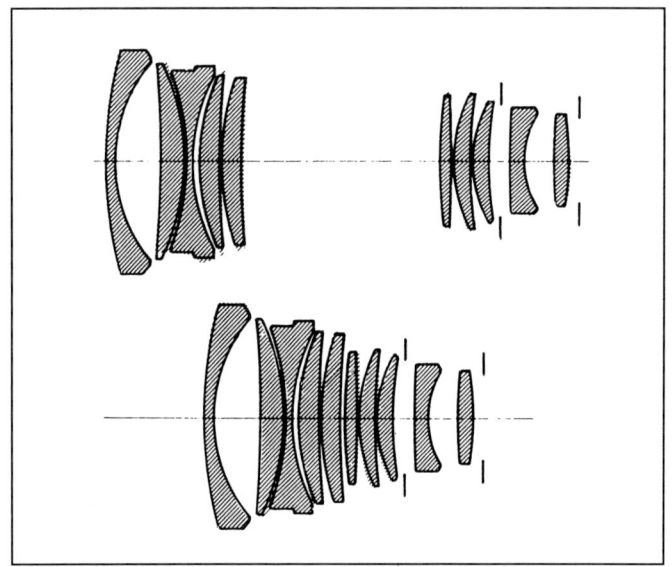

Funktionsweise eines Zoomobjektivs in Zwei-gruppen-Bauweise. Der obere Schnitt zeigt die Einstellung auf kürzeste, der untere auf längste Brennweite.

Zoomobjektiv in der Stehbildfotografie zur Faulheit. Statt das Motiv auf der Suche nach dem günstigsten Aufnahmestandort zu umkreisen, baut sich der moderne Zoomfotograf irgendwo auf, dreht sich mit dem Zoomring den Ausschnitt zurecht – und drückt drauf. Das ist der Fluch des Zooms.

Generell ist es die Lichtstärke, die bei den Zoomobjektiven Opfer fordert. Der Anforderungen sind einfach zu viele, die der geplagte Konstrukteur unter einen Hut bringen muß. Und so muß irgend etwas auf der Strecke bleiben. Vor allem das Bestreben, möglichst kompakte Systeme mit möglichst großen Brennweitenbereichen zu schaffen, läßt bei den längeren Brennweiten immer wieder Lichtstärke 1:5,6 auftauchen. Und damit haben Sie mit normalempfindlichem Film keine Chance mehr, es sei denn, Sie würden ausschließlich statische Motive vom Stativ aus fotografieren.

Sämtliche normalen Zoomobjektive zur EOS verfügen übrigens über eine Naheinstellung, die über den gesamten Brennweitenbereich wirksam ist. Damit kompensiert man die relativ großen kürzesten Einstellentfernungen dieser Objektive.

Weitwinkel- und Normalzooms

Gleich das erste Objektiv der Brennweitenreihe ist ein echter Schlager: Das EF 1:2,8/20-35 mm L überstreicht nicht nur den gesamten dem Kleinbild zugeordneten Weitwinkelbereich, sondern stößt nach unten bis zum echten Superweitwinkel vor.

Das ideale Weitwinkelobjektiv schlechthin ist das EF 1:2,8/20-35 mm, das vom Superweitwinkel bis an die obere Grenze des Weitwinkelbereichs präzise Feineinstellung des Ausschnitts gestattet. So wird die Bildgestaltung im Sucher zur Sekundensache.

Damit läuft es den festbrennweitigen EF-Objektiven glatt den Rang ab, denn die Brennweite 20 mm gibt es dort nicht.

Auch in seiner Abbildungsleistung ist dieses Objektiv, dessen etwas lichtschwächerer FD-Vorgänger bereits Lorbeeren erntete, einsame Klasse, wozu eine asphärische Linse entscheidend beiträgt. Und wer der Weitwinkelfotografie verfallen ist, der wird sich ohne Brennweite 20 mm nackt vorkommen. Sie erfordert Verständnis für die Besonderheiten der steilen Perspektive. Doch mit Gefühl eingesetzt, schafft sie Bilder von besonderer Eindringlichkeit.

Wer immer eine Schwäche für die Weitwinkelfotografie hat, kommt an diesem Objektiv nicht vorbei, selbst wenn es nicht gerade billig ist. Doch wenn Sie sich den entsprechenden Satz festbrennweitiger Objektive kaufen würden (sofern es ein EF 20 mm gäbe), kämen Sie auch nicht billiger weg – und hätten die Tasche schwer, die Hände voll beim Wechseln.

Das EF 1:3,5-5,6/28-80 mm USM ist zweifellos das interessanteste der vom Weitwinkel bis zur verlängerten Normalbrennweite reichenden Zooms im Programm, denn es verbindet einen attraktiven Preis mit einem für die Praxis unentbehrlichen Brennweitenbereich. Seinen praktisch lautlosen Betrieb verdankt das Objektiv dem Ultraschallmotor. Manuelle Fokussierung ist ohne Abschaltung von AF möglich. Die Baulänge des Objektivs bleibt beim Zoomen konstant.

Das eingebaute Blitzgerät der EOS 100 ist präzise auf den Brennweitenbereich von 28 mm bis 80 mm abgestimmt. Das Objektiv seinerseits ist so konstruiert, daß es bis auf einen Aufnahmeabstand von 1 m das Blitzlicht nicht abschattet.

Hervorragende Korrektion der Abbildungsfehler und eine besonders leichte, kompakte Konstruktion sind die Folge des Einsatzes einer neuen Art asphärischer Linse. Das EF 28-80 mm ist das erste Objektiv, in dem diese »asphärische Verbundlinse« Verwendung findet. Sie entsteht durch Aufschmelzung einer UV-gehärteten Kunststoffschicht mit asphärischer Oberfläche auf eine sphärische Linse.

Eine weitere Besonderheit des Objektivs ist eine Streulichtblende, die sich zwischen dem zweiten und dritten Glied bewegt und Streulicht über den gesamten Brennweitenbereich wirksam unterdrückt.

Die bei jeder Brennweite einsetzbare Makro-Einstellung des Objektivs ergibt eine Naheinstellgrenze von 0,5 m und einen größten Abbildungsmaßstab von 1:5,5. Filter müssen den Durchmesser 58 mm haben.

Bliebe als einziger Wermutstropfen das extrem starke Gleiten der Lichtstärke: von 1:3,5 auf 1:5,6 – um eineinhalb Blendenstufen! – verringert sich die Lichtstärke von kürzester zu

EF 1:2,8-4/28-80 mm L

längster Brennweite. Und das ist wahrlich nicht berauschend. So sollten Sie denn, wenn Sie dieses Objektiv als Normalausrüstung wählen, nach Möglichkeit keinen Film einsetzen, dessen Empfindlichkeit unter ISO 200/24° liegt.

Sein lichtstärkerer Bruder, das EF 1:2,8-4/28-80 mm L USM, bringt schon mehr als das dreifache Gewicht auf die Waage – und kostet rund dreimal soviel! Bei dieser Sachlage wird Ihnen die Wahl vermutlich leichtfallen.

Dabei ist das 28-80 mm L USM eine stolze Leistung. Dank seines Ultraschallmotors fokussiert es praktisch lautlos und außerordentlich schnell. Zwei asphärische Linsen sorgen für hervorragende Abbildungsleistung. Eine ausziehbare Gegenlichtblende ist eingebaut. Das Filtergewinde dreht sich bei der Fokussierung nicht, so daß der Einsatz eines Polfilters erleichtert wird. Allerdings – Volumen und Gewicht sind nicht zu verleugnen. Immerhin wiegt das Objektiv fast das Doppelte der EOS 100!

Viele moderne Zoomobjektive erfordern den Einsatz mittelempfindlichen Films

Was sich hiernach an Zooms anschließt, beginnt ausnahmslos mit der gemäßigten Weitwinkelbrennweite 35 mm. In diesem Bereich überschlägt sich das Angebot geradezu. Das EF 1:4-5,6/35-80 mm mag als preisgünstigstes »Normalzoom« gelten, gewissermaßen als Normalobjektiv veränderlicher Brennweite. Dabei ist seine Abbildungsleistung trotz seines recht konventionellen Aufbaus erstaunlich hoch. Mit einem Gewicht von nur noch 190 g und einer Baulänge von 61 mm weist es sich für seinen Brennweitenbereich als ausgesprochene Kompaktkonstruktion aus. Für 80 mm allerdings ist seine Lichtstärke 1:5,6 recht mager und setzt die Verwendung von Film mit mindestens ISO 200/24° voraus.

Das EF 1:4,5-5,6/35-105 mm schließt einen guten Kompromiß zwischen kurzen und langen Brennweiten und wird zum Objektiv der Wahl, wenn man entweder nicht die Absicht hat, den Brennweitenbereich nach oben auszuweiten, oder aber ein EF 100-300 mm anpeilt. Leider ist auch hier wieder die Lichtstärke nur mager. Mit einem Gewicht von nur 280 g und einer Baulänge von runden 63 mm ist das EF 35-105 außerordentlich kompakt und gut zum dauernden Verbleib an der Kamera geeignet.

Das EF 1:4,0-5,6/35-135 mm USM verdient die Bezeichnung »Universalobjektiv«, denn vom gemäßigten Weitwinkel bis zur populärsten Telebrennweite bietet es alles in einem. Inzwischen hat es einen »Bruder« bekommen, das EF 1:4-5,6/35-135 mm, das zwar bereits mit einem Ultraschallmotor ausgerüstet ist, jedoch mit seiner um eine volle Stufe geringeren Lichtstärke zu denken gibt. Ein »Universalobjektiv« mit größter Öffnung 1:5,6 bei 135 mm Brennweite?

F 1:4-5,6/35-135 mm

Die Telezooms

Die reinen Telezooms werden zur idealen Ergänzung eines Weitwinkel/Normalzooms. Im wohl populärsten Brennweitenbereich 70-210 mm besticht ein EF 1:3,5-4,5/70-210 mm als Kompaktausführung mit einem Ultraschallmotor. Die gleitende Lichtstärke gestattete die Verringerung der Baulänge auf 121,5 mm und eine Einsparung von 55 g Gewicht gegenüber dem früheren EF 1:4/70-210 mm. Kam das letztere hingegen mit 11 Linsen aus, sind es in der neuen Kompaktausführung bereits 14. Die Naheinstellgrenze liegt bei 1,5 m – für 210 mm ein sehr guter Wert, für 70 mm recht dürftig. Filter müssen Durchmesser 58 mm haben.

Der entscheidende Vorteil eines Telezooms ist die Möglichkeit, den Bildausschnitt auch bei langer Brennweite präzise den Erfordernissen anzupassen.

Gegenüberliegende Seite: Ein zweiter Vorteil des Telezooms: Die lange Brennweite schafft Distanz zum Objekt.

Das EF 1:4-5,6/75-300 mm mag als verlängerte Version eines Televarios 70 oder 80 mm-200 mm gelten. Gemessen an heutigen Maßstäben ist seine Lichtstärke dabei guter Durchschnitt. Beachtlich die Tatsache, daß es noch 50 g weniger wiegt als das EF 70-210 mm. Auch seine Baulänge ist praktisch identisch mit jener des 70-210 mm, so daß die Konstruktion insgesamt zur hochinteressanten Alternative gegenüber jenem wird, solange man die um eine halbe Stufe geringere Lichtstärke akzeptiert.

Relativ neuen Datums ist ein EF 1:4,5-5,6/80-200 mm, dessen Gewicht und Baulänge sensationell sind: 265 g und 77,8 mm! Allerdings gilt auch hier die Einschränkung, daß Lichtstärke 1:5,6 bei längster Brennweite – und gar bei 200 mm – keine rosigen Zeiten für die Freihandfotografie verspricht. Denn bei 200 mm Brennweite sollten Sie aus der Hand nicht länger als 1/250 s belichten. Ohne zumindest mittelempfindlichem Film geht da sehr bald nichts mehr.

EF 1:3,5-4,5/70-210 mm USM

Ein Paukenschlag ist das EF 1:2,8/80-200 mm L, das mit drei UD-Glas-Linsen eine hervorragende Korrektion der Farbfehler erreicht. Die begeisternde Bildqualität in Verbindung mit der für ein Zoomobjektiv dieses Brennweitenbereichs hohen Lichtstärke machen es ideal für den engagierten Anwender, zumal sein Preis auch für den ernsthaften Hobbyfotografen noch erschwinglich scheint. Die größte Öffnung 1:2,8 gestattet bei 200 mm Brennweite bereits die sehr selektive Plazierung der Schärfe – ein gewichtiges Argument für den kreativen Fotografen. Zudem schafft Blende 2,8 willkommenen Spielraum bei ungüstigen Lichtverhältnissen. Zwar sorgt allein das Gewicht von 1330 g für eine »ruhige Hand«, doch kurze Verschlußzeit ist bei langen Brennweiten stets gefragt. Und vor allem, wenn man die überragende Abbildungsleistung eines apochromatisch korrigierten Objektivs auch wirklich voll nutzen möchte, ohne sie durch eine Kamerabewegung – und sei sie noch so gering – verwässert zu sehen. Wer immer ein Spitzen-Telezoom sucht, findet hier die Erfüllung seiner Wünsche.

Die verbleibenden Telezooms beginnen mit Brennweite 100 mm. Neu ist ein EF 1:4,5-5,6/100-300 mm mit Ultraschallmotor, das das bisherige EF 1:5,6/100-300 mm mit Bogenmotor ablöst. Eine L-Version des letzteren ist besonders interessant, denn zu einem attraktiven Preis erfüllt sie besonders hohe Ansprüche an Auflösungsvermögen, Farbbrillanz und Kontrastwiedergabe. Verantwortlich hierfür sind Linsen aus UD-Glas und Calciumfluorid. Bei all diesen Objektiven unerläßlich wird allerdings die Verwendung hochempfindlichen Films, denn Lichtstärke 1:5,6 läßt Ihnen in diesem Brennweitenbereich keinen großen Spielraum für Aufnahmen aus der Hand.

EF 1:4,5-5,6/100-300 mm USM

Die Spezialisten

Wir hatten zwar bereits die festbrennweitigen Objektive im Sinne der Hobbyfotografie nach heutiger Definition als Spezialisten bezeichnet, doch es geht auch noch spezieller. Zum einen wären da die Makro-Objektive, die ein gewisses Doppelleben führen, denn sie taugen gleichermaßen für Spezialaufgaben im Nahbereich wie als Universalobjektive der jeweiligen Brennweite. Zum anderen jedoch geht's im EF-Programm auch so speziell, daß kein anderer Hersteller mehr mitkommt.

TS-Objektive gibt es nur bei Canon

Nur Canon baut nämlich Objektive, die den ansonsten starren Kleinbildkameras erstens die Dezentrierung und Verschwenkung des optischen Systems erschließen und zweitens mit systemkonformem AF-Bajonett versehen sind, sich also harmonisch einfügen in die optische Ausrüstung modernster Autofokus-Kameras. Gemeint sind natürlich die TS-E-Objektive zur Perspektivekorrektur.

Die Makro-Objektive

Zwar verfügen alle normalen Canon-Zooms über eine sogenannte Makro-Einstellung, doch wir sollten nicht vergessen, daß diese Objektive nur für Nahaufnahmen für die Zwecke der bildmäßigen Fotografie geeignet sind. Bei einer Blume, einem Kleintier oder einem anderen dreidimensionalen Objekt spielt es keine so große Rolle, wenn die Bildecken nicht völlig scharf sind. Man wird es meist nicht bemerken. Bei Reproduktionen von zweidimensionalen Vorlagen hingegen wird ein Schärfenabfall zum Rand sofort augenfällig.

Während normale fotografische Aufnahmeobjektive für große Aufnahmeabstände konstruiert sind und deshalb im Nahbereich keine optimale Leistung mehr erbringen können, sind Makro-Objektive wesentlich maßstabsneutraler ausgelegt. Als sogenannte Planobjektive sind sie für eine strenge Bildebene gerechnet und zeichnen auch bei sehr kurzen Aufnahmeabständen bis in die Bildecken scharf. Die wichtigste Makro-Brennweite sind zweifellos 50 mm, denn mit längerer Brennweite nimmt der freie Arbeitsabstand zu. Bei Reproduktionen von einem Reprogestell jedoch ist man gerade an kurzen Aufnahmeabständen interessiert. Eine längere Brennweite als 50 mm wäre für diese Zwecke von Nachteil.

EF 1:2,5/50 mm Makro

Das EF 1:2,5/50 mm Makro gestattet die stufenlose Einstellung von Unendlich bis zum Abbildungsmaßstab 1:2. Das ist etwa die Grenze für Aufnahmen aus der Hand. Bei noch stärkerer

Vergrößerung schmilzt die Schärfentiefe auf so geringe Werte zusammen, daß die geringste Abstandsänderung zur hoffnungslosen Auswanderung der Schärfenebene führt.

Ein Beweis für den in den letzten Jahren erzielten optischen Fortschritt ist die (für ein Makro-Objektiv) hohe Lichtstärke, die das Objektiv auch als *Normalobjektiv* außerordentlich attraktiv macht. Denn dieses Objektiv bietet nicht nur höchste Auflösung und Bildfeldebnung im Nahbereich, sondern es besticht auch im Fernbereich durch hervorragende Abbildungsleistung. Damit wird es zum idealen Normalobjektiv für jeden, der nicht auf einem Zoomobjektiv besteht. Durch die stufenlose Einstellung von Unendlich bis 1:2 gibt es nämlich in der normalen Fotografie praktisch nichts, was dieses Objektiv nicht auf den Film bannen könnte.

Das Objektiv braucht etwa eine Sekunde zum Durchfahren des gesamten Einstellbereichs. Seine Frontlinse ist durch einen überlangen Fronttubus so gut gegen seitliches Streulicht abgeschirmt, daß eine Gegenlichtblende überflüssig wird – sofern kein Filter vorgeschaltet ist.

Verwendete man früher einen speziellen Zwischenring zur Erfassung des Einstellbereichs von 1:2 bis zu 1:1, ist es heute ein Makro-Konverter EF, der mit voller Datenübertragung die Brücke schlägt. Wie die Bezeichnung »Konverter« bereits an-

Ein Makro-Objektiv legt Ihnen buchstäblich alles in den Schoß, was sich von Unendlich bis kurz vor das Objektiv fotografieren läßt. Und diese Eigenschaft ist für die allgemeine Fotografie viel wichtiger als die besondere Eignung eines solchen Objektivs für – zum Beispiel – Reproduktionen.

Suchen Sie Ihr Heil in der »Nahfotografie« nicht unbedingt in »Vergröße- rung«. Diese hat zweifel- los auch ihre Reize, doch weitaus vielfältiger ist die Ausbeute im mittelnahen Bereich, in der – sagen wir – »Detailfotografie«.

deutet, verlängert dieser »Zwischenring« nicht einfach den Auszug, sondern er verfügt über ein optisches System, das die Korrektion des Objektivs dem genannten Maßstabsbereich anpaßt. Und damit ist optimale Bildqualität sichergestellt. Dem ernsthaften Nahfotografen, der auch in der bildmäßigen Nahfotografie kompromißlos höchste Abbildungsleistung sucht, steht das EF-Makro-Objektiv 1:2,8/100 mm zur Verfügung. Seine gegenüber dem normalen Makro-Objektiv doppelt so lange Brennweite ergibt naturgemäß auch größere freie Arbeitsabstände – und genau das ist in der Nahfotografie in der Natur gefragt, sei es, um die Fluchtdistanz von Kleintieren einzuhalten, weniger angenehmen Zeitgenossen – giftigen Schlangen, zum Beispiel – nicht zu nahetreten zu müssen oder auch schwierig zugängliche Objekte noch abbilden zu können. Dieses Objektiv gestattet sogar die stufenlose Einstellung von Unendlich bis zum Maßstab 1:1. Seine hohe Lichtstärke 1:2,8 macht es zum idealen Universalobjektiv der Brennweite 100 mm, denn auch hier sollten wir die Bezeichnung »Makro« keineswegs einschränkend verstehen.

Das Objektiv ist mit dem neuen »MM« (Mikromotor) ausgerüstet, bei dem es sich gewissermaßen um eine verbesserte Ausführung des Bogenmotors handelt. Es kommt mit Filtern des Durchmessers 52 mm aus.

EF 1:2,8/100 mm Makro

Objektive zur Perspektivekorrektur

Auf gut Deutsch heißen Sie »Tilt-and-Shift«-Objektive, womit Sie sicher wissen, was ich meine, oder zumindest, woher das »TS« in drei Spezialobjektiven kommt, die Canon in dieser Form als einziger Hersteller für Kleinbild-Spiegelreflexkameras – und obendrein Autofokus-Kameras – anbietet. Im früheren FD-Programm gab es ein derartiges Objektiv mit Brennweite 35 mm, heute findet der interessierte Anwender gleich drei Systeme dieser Kategorie vor, die sämtlich eine der schwerwiegendsten Handicaps der Kleinbildkamera beseitigen: die Starrheit ihres optischen Systems.

Die TS-E-Objektive im Rahmen des EF-Programms bieten zwei Besonderheiten: Zum einen ist ihr optisches System in gewissen Grenzen allseitig dezentrierbar, zum anderen verschwenkbar. Und damit kann man eine Menge anfangen, wovon der normale Kleinbildfotograf nur träumen kann. Im Prinzip ahmen diese Objektive nur die verstell- und verschwenkbare Objektivstandarte beruflicher Großformatkameras nach, ohne die all jene Werbeaufnahmen undenkbar wären, die tagtäglich von tausend Reklametafeln auf uns herabblicken.

Die vielleicht bekannteste Anwendung der Dezentrierbewegung ist die Vermeidung stürzender Linien: Dezentriert man das optische System nach oben, verschwindet wie von

Durch Höhenverstellung eines TS-E-Objektivs gelingt die Abbildung höherer Gebäude auch bei senkrecht ausgerichteter Kamera und damit ohne stürzende Linien. Der unerwünschte Vordergrund wird aus dem Bild verbannt. Dieser Flächengewinn kommt den oberen Gebäudeteilen zugute.

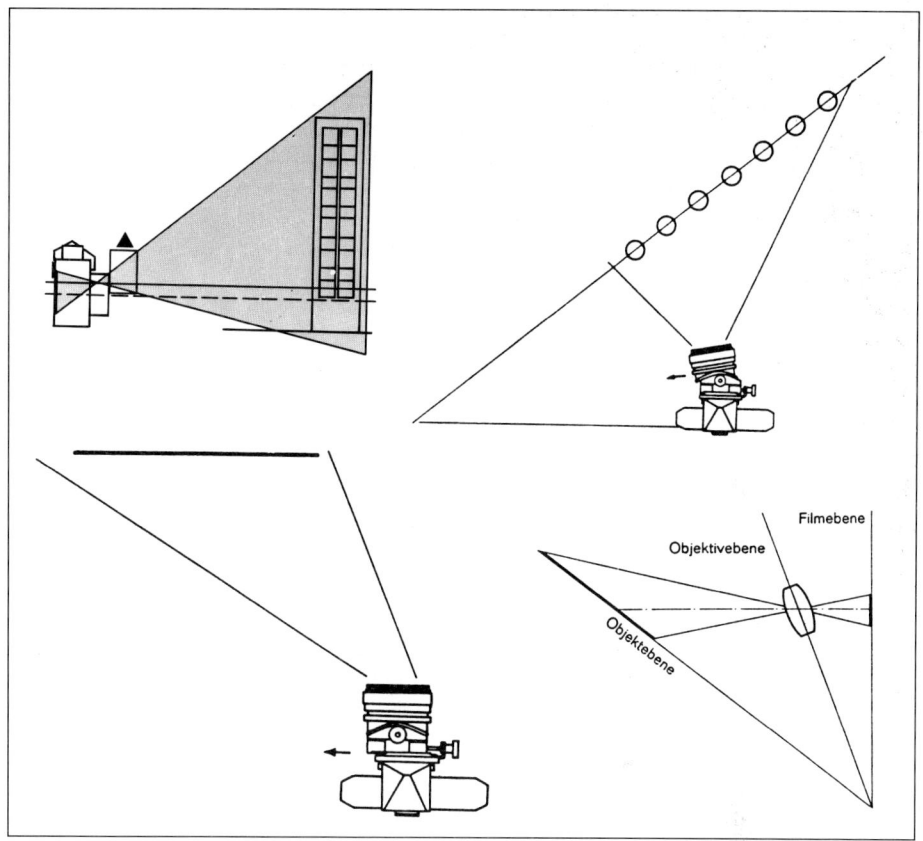

Labels in figure: Filmebene, Objektivebene, Objektebene

Linke Spalte: Oben: Prinzip der Verstellung des optischen Systems eines TS-E-Objektivs. Unten: Seitliche Dezentrierung gestattet die »frontale« Abbildung aus seitlicher Sicht. Rechte Spalte: Oben: Nach der Scheimpflugschen Regel lassen sich auch schräg durch das Bildfeld laufende Strukturen ohne Abblendung scharf abbilden. Unten: Nach Scheimpflug werden ungeachtet der Abblendung alle Objekte scharf abgebildet, deren Ebene sich in der Verlängerung mit jener des Objektivs und des Films schneidet.

Geisterhand jener sowieso meist unerwünschte Vordergrund, und die Oberteile eines Gebäudes rücken ins Bild. Dabei verschwindet zunehmend jene störende Fluchtung vertikaler Linien – das Gebäude wird schließlich mit parallelen Seiten abgebildet. Der weite Winkel eines Weitwinkelobjektivs wird effektiv auf das Gebäude verwendet. (Bei nicht geneigter Kamera ließe er sich ohne Dezentrierung nur zur Hälfte nutzen.) Eine solche Dezentrierung setzt natürlich voraus, daß das Objektiv einen wesentlich größeren Bildkreis auszeichnet als sonst üblich. Innerhalb dieses Bildkreises wandert gewissermaßen das Bildformat.

Doch nicht nur stürzende Linien sind die »Kunden« der Verstellung. Seitliche Dezentrierung des Objektivs gestattet zum Beispiel »Frontalaufnahmen« bei seitlicher Kamera-Aufstellung. So lassen sich Sichthindernisse ganz wörtlich »umgehen«. Oder aber, die Kamera entzerrt ein stark fluchtendes Gebäude zumindest teilweise, wenn es um eine mehr informative

Aus der Nähe zeigt das Weitwinkelobjektiv seine Überlegenheit für hautnahe Schnappschüsse. Mit Geschick läßt sich die Szene dabei zuweilen auch absolut »natürlich« einfangen, ohne daß sich alle Beteiligten der Kamera bewußt und entsprechend erstarrt sind.

Aufnahme geht. Oder der Fotograf verbannt sein Spiegelbild aus einer Glasfläche, durch die hindurch er fotografieren muß – bei seitlicher Kamera-Aufstellung durchaus möglich. Oder man nutzt die Verstellbewegung für Panorama-Aufnahmen: zuerst nach links, dann nach rechts.

Doch nicht allein für die Sachfotografie eignet sich ein dezentrierbares Objektiv. Selbst bei recht allgemeinen Anwendungen – sogar in der Landschaft – kann die Verstellbewegung Vorteile bringen. Denn erst sie gestattet volle Nutzung eines weiten Bildwinkels durch »Wegstellen« störender Vordergrunddetails, sei es seitlich oder nach oben. So wird es buchstäblich möglich, Hindernisse zu »überspringen«. Ein Stativ ist bei diesen Anwendungen keine unbedingte Voraussetzung. Die Dezentrierung läßt sich auch aus der Hand beherrschen.

Und was stellen Sie mit der Verschwenkung an? Nun, hier müssen wir uns des Herrn Scheimpflug erinnern, der folgende Regel aufstellte: Eine Objektebene wird ungeachtet der verwendeten Blendenöffnung scharf abgebildet, wenn sich ihre Verlängerung mit jener der Objektivebene und der Bildebene schneidet. Und das heißt in der Praxis, daß Strukturen, die von vorn nach hinten durchs Bild laufen und sich selbst bei voller Abblendung mit einem starren Objektiv nicht scharf wiedergeben ließen, auch *ohne* jede Abblendung scharf abgebildet werden können. Die Bildwirkung ist verblüffend, und die uns überall umgebenden Sachaufnahmen wären ohne diesen optischen Trick überhaupt nicht realisierbar.

Die drei TS-E

Canon bietet gleich drei verstell- und verschwenkbare Objektive für EOS-Kameras an: das TS-E 1:3,5/24 mm L, das TS-E 1:2,8/45 mm und das TS-E 1:2,8/90 mm. Das Original-EF-Bajonett gestattet problemlosen Anschluß und vollelektronische Signalübertragung wie gewohnt. Im Gegensatz zu EF-Objektiven besitzen die TS-E jedoch keinen Fokussiermotor, denn –

TS-E 1:3,5/24 mm L

und das ist absolut folgerichtig – sie sind nicht zur automatischen Fokussierung bestimmt, die für die hier infragekommenden Aufgaben ohnehin ungeeignet ist. Sie erschließen der Autofokus-Kamera nur die besonderen Möglichkeiten der Perspektivekorrektur.

Die Innenmessung der EOS 100 funktioniert natürlich auch mit diesen Objektiven. Allerdings gibt es eine Einschränkung: Bei Ausnutzung der Verstell- bzw. Schwenkbewegung entfernen Sie sich immer mehr von der eigentlichen optischen Achse, geraten also zunehmend in die Randbereiche des Bildkreises. Und wir wissen, daß zu den Rändern hin ein natürlicher

TS-E 1:2,8/45 mm

Lichtabfall eintritt. Die besondere Geometrie des Strahlengangs in einer Innenmeßkamera macht es leider unmöglich, bei Verstellung bzw. Verschwenkung eines solchen Objektivs noch genau zu messen. Würden Sie die Belichtungsmessung erst nach der Verstellung vornehmen, müßten Sie mit einer deutlichen Abweichung rechnen.

So kann die Belichtungsautomatik der EOS 100 mit diesen Objektiven nur teilweise genutzt werden. Lesen Sie die von der Kamera in *Grundstellung* des Objektivs automatisch ermittelten Belichtungsdaten ab, schalten Sie auf »M«, richten Sie das Objektiv ein und stellen Sie die abgelesenen Werte ein, geben

TS-E 1:2,8/90 mm

Sie jedoch bei Ausnutzung der Verstellbewegung etwa eine halbe Blende zu, um dem natürlichen Helligkeitsabfall entgegenzuwirken. Eigene Versuche werden Ihnen zeigen, wie nah Sie sich dem Optimum mit diesem Verfahren nähern, so daß Sie dann individuelle Korrekturen ermitteln können.

Aufnahmefilter und Trickvorsätze

UV-Sperrfilter können auf dem Objektiv verbleiben

Für ganz normale Aufnahmen im Familienkreis brauchen Sie kaum Filter. Doch schon wenn Sie in die Landschaft ziehen – und auch das gehört ja sicher zur »normalen«, allgemeinen Fotografie – sehen die Dinge schnell etwas anders aus. Draußen in der Natur, womöglich auf Bergeshöh' oder am blauen Meeresstrand, machen sich zwei Umstände bemerkbar, die den Einsatz von Filtern erforderlich machen können: 1. fotografieren Sie wahrscheinlich auch weiter entfernte Objekte, Fernsichten usw., bei denen sich die sprichwörtliche Bläue der Ferne dem Panorama recht unfotogen überlagert; und 2. treffen Sie in der freien Natur, insbesondere in großer Höhe und in Meeresnähe, auf wesentlich stärkere UV-Strahlung als in unserer abgasgeschwängerten Industrielandschaft.

»Dunstfilter«

Bei Farbaufnahmen ist es zunächst ein sogenanntes UV-Sperrfilter, das den lästigen UV-Strahlen den Zugang zum Film verwehrt. Diese nämlich erzeugen auf Farbfilm einen unangenehmen Blaustich und zudem leichte Unschärfen. Qualitativ hochwertige UV-Filter sind farblos, auch schlucken sie nicht merklich Licht, weshalb viele Fotografen diesen Filtertyp als Frontlinsenschutz ständig auf dem Objektiv belassen. Hiergegen ist im Prinzip nichts zu sagen, wenn man davon absieht, daß ein Filter stets zwei zusätzliche, reflektierende Flächen vor dem optischen System aufbaut und damit Reflexe und Bildschleier fördern kann. Wer es sehr genau nimmt, wird folglich jedes Filter nur gezielt einsetzen. Andererseits überwiegt sicher der Nutzen des Frontlinsenschutzes, wenn man oft unter erschwerten Verhältnissen fotografieren muß.

Skylight-Filter sind nicht als Frontlinsenschutz geeignet

Einen Schritt weiter geht das Skylight-Filter, bei dem es sich um ein leicht rötlich eingefärbtes UV-Filter handelt. Es wirkt dem Dunst stärker entgegen, erfordert jedoch ein wenig Vorsicht in der Anwendung: Sobald sich auffallend weiße Flächen im Vordergrund befinden, ist man ohne Skylight-Filter (d.h. nur mit einem UV-Sperrfilter) meist besser dran, denn sonst kommen diese weißen Flächen leicht »schmutzig«. Daraus geht bereits hervor, daß sich dieses Filter nicht als Frontlinsenschutz zum ständigen Verbleib auf dem Objektiv eignet.

Eine Einschränkung ist an dieser Stelle angebracht: Die Farbcharakteristik des verwendeten Films entscheidet darüber, ob Ihre Bilder eher »warm« oder »kalt« kommen. So hatte z.B. Kodak Ektachrome (ein Diafilm) in der Vergangenheit eine

Nicht alles ist von der »Technik« abhängig. Auch die Natur kann höchst interessante »Farbfilter« liefern. Allein die Farbtemperatur des natürlichen Lichts genügt, höchst unterschiedliche Ansichten – und Bilder – zu schaffen, wie die beiden nebenstehenden Aufnahmen zeigen.

ausgesprochene Blautendenz, während Agfa-Diafilme eher wärmere Farben bringen. Bei Verwendung eines blaubetonten Films könnte sich eine ständige, leichte Farbkorrektur förderlich auswirken. Gegebenenfalls wird man in diesem speziellen Fall für Aufnahmen in UV-trächtiger Umgebung sogar zu einem Filter R3 greifen, das die doppelte Blaudämpfung eines Skylight-Filters bewirkt. (Ein Skylight-Filter gilt als »R 1,5«, wobei das »R« für rötlich steht.) Auch das Skylight-Filter schluckt übrigens kaum Licht. Generell können Sie davon ausgehen, daß die EOS bei Verwendung lichtschluckender Vorsätze keiner Belichtungskorrektur bedarf. Die Belichtungsautomatik richtet sich grundsätzlich nur nach jener Lichtmenge, die in der Filmebene (bzw. in der Ersatz-Meßebene in der Kamera) ankommt. Sie nimmt Ihnen deshalb alle Korrekturen ab.

Ein Skylight-Filter schluckt praktisch kein Licht

Eine sogenannte Punkt-
linse führt (ab etwa 70
mm Brennweite) zu inter-
essanten Effekten. Bei
kürzerer Brennweite ver-
ringert sich das wirksame
Objektfeld, und die
Unschärfenzone nimmt
unverhältnismäßig gro-
ßen Raum ein.

Ein Sandspot-Filter ent-
spricht im wesentlichen
der Punktlinse, unter-
drückt die Randpartien
jedoch wesentlich stärker
und kann deshalb nicht
mit der Wirkung der
Punktlinse konkurrieren.

Die Wirkung des Softar
ist dank seiner über die
gesamte Linsenfläche
verteilten »Mini-Linsen«
blendenunabhängig.

Ein weiteres Mittel gibt es, das eine beträchtliche Dunstdurchdringung bewirkt: ein Polarisationsfilter, auf das wir noch getrennt zurückkommen werden.

Konversionsfilter

Ein solches Filter brauchen Sie, wenn Sie z.B. einen Tageslicht-Diafilm für Aufnahmen bei Kunstlicht »umstimmen« wollen oder einen Kunstlicht-Diafilm für Aufnahmen bei Tageslicht. Im ersteren Fall würde Kunstlicht einen rötlichen Farbstich erzeugen (der jedoch – und das ist wichtig – eigentlich nur in der absolut »objektiven« Sachfotografie stört). Im letzteren ergäbe sich ein sehr unangenehmer Blaustich, so daß hier ein Konversionsfilter für den Hobbyfotografen noch am ehesten in Frage kommt, sobald er den Rest eines Kunstlichtfilms bei Tageslicht aufbrauchen möchte. Zur Umstimmung von Tageslichtfilm auf Kunstlicht brauchen Sie ein Filter B (= bläulich) 12, für den Einsatz von Kunstlichtfilm bei Tageslicht ein Filter R (= rötlich) 12. Jedes dieser Filter schluckt eine Blende Licht.

Konversionsfilter dienen zur Umstimmung des Films

Blitzlicht hat die gleiche »Farbtemperatur« wie mittleres Tageslicht und erfordert grundsätzlich keine Korrektur.

Graufilter

Was machen Sie mit »zuviel Licht«? Sicher, Sie können versuchen, es zunächst mit der kürzesten Verschlußzeit (1/4000 s) zu zügeln. Doch bei Verwendung hochempfindlichen Films stoßen Sie gegebenenfalls auch hiermit an eine Grenze. Zudem ergibt sich gelegentlich die Notwendigkeit, längere Zeiten zu erzwingen, vielleicht um fließendes Wasser mit malerischer Unschärfe (und natürlich vom Stativ) darzustellen, oder einfach, um einen hochempfindlichen Film, den man von vorhergehenden Aufnahmen noch in der Kamera hat, bei gutem Licht aufzubrauchen, ohne daß man sich der fotografischen Gestaltungsmöglichkeiten – Zeit und Blende – begibt.

Graufilter vergrößern Ihren Gestaltungsspielraum

Hier springen Graufilter ein, die zu einem wichtigen Hilfsmittel zur Steuerung der fotografischen Grundelemente für den kreativen Fotografen werden. Erhältlich sind sie mit der Bezeichnung »ND« (für »Neutral Density«) in verschiedenen Stärken. Ein Filter ND4x schluckt zwei Blendenstufen Licht.

Polarisationsfilter

In der fotografischen Umgangssprache nennt man sie kurz »Polfilter«. Für die EOS 100 brauchen Sie – wie bei allen modernen AF-Kameras – ein ZIRKULAR-Polfilter und können keines

Eines der interessantesten: das Polfilter

der einfacheren Linear-Polfilter verwenden. Doch brauchen Sie überhaupt ein Polfilter? Sobald Sie die Fotografie ein wenig ernsthafter betreiben, als nur die Familie in regelmäßigen Abständen fürs Album festzuhalten, beginnt sich ein Polfilter vielfach auszuzahlen. Wenn Sie allein an den Urlaub denken, vielleicht eine Entdeckungsreise durch ein neues, unbekanntes Land, dann wird das Polfilter schon fast zum Muß. Warum, was macht es so besonders? Nun, es ist das einzige Filter, das in der Farbfotografie eine Anhebung der Farbsättigung gestattet. Dieses Kunststück bewerkstelligt es durch Beseitigung jenes Grauschleiers, der auf allen Dingen in der Natur liegt. Fast möchte man diesmal mit der Waschmittelreklame sprechen: »Zwingt Grau raus, zwingt Farbe rein«. Möglich wird dies, weil

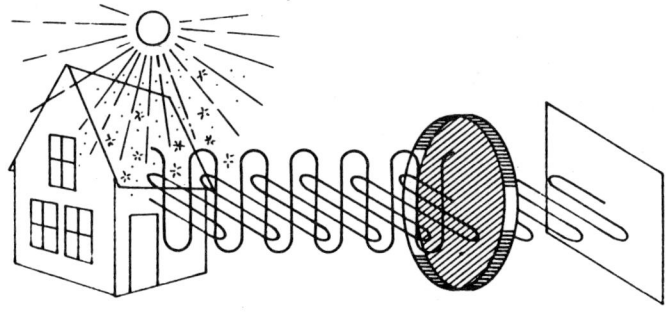

Prinzip der Funktionsweise eines Polarisationsfilters

auf allen Dingen in der Natur polarisiertes Licht liegt, das die Eigenfarben kaschiert, sich jedoch mit einem Polfilter – je nach Aufnahmewinkel – »wegblasen« läßt. Und damit werden Sie zum Magier. Der Dunst weicht, der Himmel dunkelt nach, die Wolken schweben ungemein fotogen auf diesem blauen Himmel, das Glitzern von Wasserflächen wird gedämpft – die Kontraste insgesamt werden eingeebnet, was dem Film zugutekommt, der uns nun ein ausgewogeneres Bild bescheren kann. Die Eigenfarben der Objekte werden angehoben – kurz, ein Polfilter kann Ihre Farbaufnahmen aufpolieren wie kein zweites fotografisches Hilfsmittel.

Polfilter sind Spezialfilter

Und worauf müssen Sie achten? Zunächst verstehen wir uns wohl recht, daß auch das Polfilter nicht zum ständigen Verbleib auf dem Objektiv geeignet ist. Im Gegenteil, mehr als alle anderen ist es ein Spezialfilter, dessen Anwendung man wohl dosieren und ja nicht verallgemeinern sollte.

Zum zweiten ist das Polfilter ausgesprochen richtungsabhängig. Seine stärkste Wirkung entfaltet es in der Landschaft im rechten Winkel zur Sonne. Mit Rücken- oder Gegenlicht bleibt es praktisch wirkungslos.

Ein UV-Sperrfilter (oben) verhindert in UV-reicher Umgebung Unschärfen und dämpft überschüssiges Blau. Um die allgemeine Blautendenz weiter zu drosseln, kann ein Skylight-Filter eingesetzt werden (unten).

Ach ja – die Schulmeinung schreibt dem Polfilter primär zu, daß es Spiegelungen auf nichtmetallischen Objekten zu beseitigen oder zumindest mildern vermag. Doch in der Praxis der Hobbyfotografie ist dies nur ein interessanter Nebeneffekt, der gelegentlich als Zugabe zum Tragen kommt.

So, und nun noch ein wenig Grundwissen: Das Polfilter ist drehbar in seiner Fassung angeordnet, und Sie können seine Wirkung auch direkt vor dem Auge beurteilen: Halten Sie das hintere Fassungsteil fest und drehen Sie das vordere.

Auf dem Objektiv erfolgt die Einstellung durch Drehen des Vorderteils. Der Filtereffekt läßt sich im Sucher recht genau beurteilen. Volle Nutzung des Effekts führt in manchen Stimmungen – und insbesondere in größeren Höhen – bereits zur Überfilterung; die Farben werden giftig. Dosieren Sie den Effekt deshalb ein wenig sparsam.

Da die Einstellung durch Drehen erfolgt, macht ein Wechsel von Quer- auf Hochformat natürlich Neueinstellung erforderlich. Ebenso ist darauf zu achten, daß das Polfilter bei Objektiven, bei denen es sich bei der Fokussierung mitdreht, erst nach

Gegenüberliegende Seite: Wie kein zweites Hilfsmittel hebt ein Polfilter die Farbsättigung an und dämpft dabei zugleich die Kontraste. Reflexe verschwinden wie von Geisterhand, Farben leuchten, und die Unterschiede zwischen Hell und Dunkel werden soweit eingeebnet, daß es dem Film leichter fällt, das Bild ausgewogen wiederzugeben.

der Scharfeinstellung eingestellt werden darf. Probleme ergeben sich unter Umständen mit Objektiven, bei denen das Vorderglied bei der Brennweitenverstellung und/oder Fokussierung in den Tubus eintaucht – dann stößt ein normales Polfilter mit seiner etwas überbauten Fassung an und blockiert das Objektiv. Canon-Polfilter sind deshalb besonders schlank gebaut.

Ein Rotfilter steigert die Kontraste bis zur Verfremdung. Schon eine harmlose Wolkenstimmung wird zum Gewitter. Rot wird weiß wiedergegeben. Zur Steuerung dieser Kontrastanhebung empfiehlt sich die Eingabe eines Korrekturfaktors +1.

Kontrastfilter für die Schwarzweißfotografie

Während alle vorgenannten Filter sowohl für Farbe als auch für Schwarzweiß tauglich sind, eignen sich die nun folgenden ausschließlich für Schwarzweiß.

Gelbfilter sind die wohl gebräuchlichsten, denn sie sorgen für eine Himmelswiedergabe, die annähernd dem Augeneindruck entspricht. Ohne Filterung kommt der Himmel im Schwarzweißbild viel zu hell. Auch die Dunstdurchdringung wird durch ein Gelbfilter verbessert. Je nach Stärke schluckt ein Gelbfilter im allgemeinen eine halbe bis eine Blende Licht.

Grünfilter absorbieren Rot und Blau und lassen Grün und Gelb passieren. Bei Verwendung von panchromatischem Film ergibt sich kein Lichtverlust.

Orangefilter zählen bereits zu den Effektfiltern

Orangefilter führen zu einer betont dunklen Wiedergabe des Himmels und des Pflanzengrüns. Die beträchtliche Anhebung des Kontrasts wirkt sich günstig auf Fernaufnahmen aus und ergibt bereits deutliche Effektaufnahmen.

Rotfilter lassen nur noch Rot passieren, so daß blauer Himmel oft fast schwarz wiedergegeben wird. Wolken werden dramatisch betont. Schon eine harmlose Wolkenstimmung wird so zum drohenden Gewitter. Bei einem Rotfilter empfiehlt sich die Eingabe eines Korrekturfaktors +1, um der Gefahr einer Unterbelichtung durch die enorme Kontrastanhebung zu begegnen.

Ein Griff in die optische Trickkiste

Schon fast unübersichtlich ist das Angebot an Tricklinsen und Objektivvorsätzen, die etwas Besonderes aus Ihren Bildern machen sollen. Dabei steht der Aufwand durchaus nicht immer im rechten Verhältnis zum Nutzen, denn Effekte sind wie Gewürze: Eine Prise verfeinert den Brei, eine Handvoll verdirbt ihn.

Und damit wären wir schon bei der in diesem Zusammenhang wichtigsten Überlegung überhaupt: Welche Vorsätze könnten sich für Ihre Art der Fotografie rentieren? Zu oft nämlich folgt einem begeisterten Kauf die Verbannung des Zubehörs in die Schublade – auf nimmerwiedersehen. So wollen wir uns die wichtigsten der Effektvorsätze unter diesem Aspekt anschauen.

Überlegter Kauf bewahrt Sie vor Enttäuschungen

Am populärsten sind wahrscheinlich *Weichzeichnervorsätze*, die es in den verschiedensten Ausführungen gibt. Canon selbst liefert seine Softmat-Vorsätze. Andere Hersteller, wie zum Beispiel die Fa. Heliopan in Gräfelfing bei München, bieten verschiedene Lösungen an: Von der relativ einfachen Duto-Linse bis zum Zeiss-Softar. Bei der Duto-Linse wird die Weichzeichnung durch eine spiralförmige Rille im Glas erzeugt und ist blendenabhängig. Das Softar hingegen zeichnet sich durch gleichmäßige Weichzeichnung unabhängig von der Arbeitsblende aus. Möglich wird dies durch eine Art »Mini-Linsen«, die über die gesamte Fläche verteilt sind. Der mit einem Softar erzielbare Weichzeichnungseffekt ist sehr anspre-

Zeiss-Softar im Vertrieb der Fa. Heliopan

Heliopan-Dutoscheibe (Weichzeichnervorsatz)

Gegenüberliegende Seite: Mehrfachprismen führen zur wiederholten Abbildung ein und desselben Motivs. Hier wurde ein solches Filter größeren Durchmessers in den Randbereichen verkantet vor das Objekt gehalten – der Effekt ist absolut »kreativ« und kaum reproduzierbar. Die untenstehende Aufnahme, die mit einem Softar II entstand, zeigt dasselbe Motiv zwar weichgezeichnet, doch ansonsten nicht verfremdet.

chend. Beim Umgang mit Softaren ist allerdings Vorsicht geboten, denn sie bestehen aus Kunststoff und sind deshalb kratzempfindlich. (Wobei Kratzer im Sinne der Weichzeichnung kein Beinbruch wären.)

Es ist übrigens erstaunlich, wie lange Autofokus mitspielt: Sie können AF getrost eingeschaltet lassen; alles funktioniert wie gewohnt. Selbst ein vorgesetztes Nebelfilter vermag AF nicht aus der Ruhe zu bringen!

Weichzeichnung lebt vom Licht. Ohne kräftige Kontraste wirkt ein weichgezeichnetes Bild schnell flau und uninteressant. Trübe Tage sind deshalb kaum für diese Art der Fotografie geeignet – es sei denn, Sie würden selbst für ausreichende Beleuchtung sorgen. Gegenlicht ist eine für Weichzeichnung bevorzugte Lichtrichtung, die das Motiv mit wirkungsvollen Lichtsäumen umgibt.

Oft noch eindrucksvoller als die Weichzeichnung des gesamten Bildes ist partielle Weichzeichnung, wie sie sich mit einer *Punktlinse* oder »Traumlinse« ergibt. Hier konzentriert sich das Motiv auf die Bildmitte, die Umgebung wird in zunehmende Weichzeichnung aufgelöst und schließlich völlig neutralisiert. Auch im Zentrum überlagert sich dem scharfen Kern eine zarte Weichzeichnung.

Die Punktlinse mag als Nahlinse mit Planglaszentrum beschrieben werden. Ihre Wirkung ist stark brennweitenabhängig, so daß ein Zoomobjektiv eigentlich zur Voraussetzung wird. Bis etwa 70 mm ist sie kaum einsetzbar, weil der weite Bildwinkel zu viel vom Nahlinsenbereich erfaßt. Etwa bei der »Porträtbrennweite« jedoch wird die Sache interessant – sehr interessant sogar. Voraussetzungen sind reichlich Licht, Reflexe und einigermaßen nahe Motive. Für Fernmotive ist die Punktlinse nur bedingt bis gar nicht geeignet.

Durch Veränderung der Brennweite läßt sich eine Vielfalt von Effekten erzielen. Zusätzlich hat auch die Arbeitsblende Einfluß auf die Bildwirkung. Hier wird die Fotografie wirklich kreativ, hier können Sie nach Herzenslust verfremden, Motive isolieren und Effekte variieren. Der Reflexsucher der EOS wird zum Gestaltungszentrum. Autofokus funktioniert wie gewohnt. Als Belichtungsprogramm empfiehlt sich Zeitautomatik (Av). Und CF5 schafft ideale Arbeitsverhältnisse, denn Umprogrammierung gestattet die jederzeitige bequeme Abblendung auf Arbeitsöffnung durch einfachen Druck auf die Speichertaste.

Softar und Heliopan-Punktlinse versprechen den größten Erfolg, wenn Sie an dieser Art von Effektfotografie Gefallen finden. Weit geringer sind die Einsatzmöglichkeiten, zum Beispiel, eines *Sand-Spot-Filters*, eines Sterneffektfilters, einer

Teilbildlinse oder eines Nebelfilters. Das erstere besteht aus einem klaren Mittensegment, umgeben von einer mattierten Fläche. Seine Wirkung ähnelt jener einer Punktlinse, reicht jedoch bei weitem nicht an die Brillanz und Aussagekraft eines Punktlinsenbildes heran. Auch dieses Filter ist sehr stark brennweiten- und blendenabhängig, und die für die Punktlinse gemachten Angaben sind übertragbar.

Heliopan-Sterneffektfilter vierfach

Das *Sterneffektfilter*, auf Neuhochdeutsch auch »Cross-Filter«, führt durch seine über die gesamte Fläche laufende Kreuzgitterstruktur generell eine leichte Weichzeichnung ein, die jedoch durch kleine Blenden – und die ergeben sich bei den Anwendungen dieses Filters meist automatisch – gemildert wird. Interessant ist es ausschließlich bei Motiven, in denen starke Lichtquellen oder Reflexe vorhanden sind. Dies können die Sonne, Lampen oder Lichter- bzw. Sonnenreflexe auf Wasserflächen, spiegelnden Lackflächen usw. sein. Alle diese punktförmigen »Lichter« werfen dann Strahlen ins Bild – wieviele, hängt vom Filtertyp ab. So können Sie jedes Licht im Bild mit vier, sechs oder auch acht Strahlen versehen. Wenig ansprechend wirkt dies allerdings, wenn der Lichter zu viele werden. Auch dieser Effekt will in sparsamen Dosen genossen werden – und das gilt nicht nur für die Anzahl der Lichter, sondern für den Einsatz des Filters generell.

Zu viele Lichter im Bild sind ungeeignet für Sterneffektfilter

Eine *Teilbildlinse* ist nichts weiter als eine halbierte Nahlinse. Der Witz? In der oberen Hälfte blickt die Kamera auf die im Unendlichen liegende Szene, in der unteren hat sie gewissermaßen die Nahbrille auf und »sieht« einen nahen Vordergrund scharf, vergrößert. Damit eignet sich die Teilbildlinse fast ausschließlich für Queraufnahmen. Das Fotografieren mit ihr wird ein wenig zur Fummelei, denn man muß die einzelnen Bildteile, den Abstand zum Vordergrund usw. schon genau ausloten. Im unteren Bildteil wird der Hintergrund durch die Nahfokussierung natürlich unscharf, was aber im allgemeinen nicht stört.

Ein *Nebelfilter* schafft eine künstliche Dunststimmung, bei der Sie jedoch des Guten nicht zuviel tun sollten, wenn die Sonne scheint. Zu helles Sonnenlicht kann den »Nebel« unglaubwürdig machen. Auch dieses Filter hat nur begrenzte Anwendung.

Ganz im Gegensatz dazu sind graue *Verlauffilter* ausgesprochen vielseitig. Während Cokin-Verlauffilter eine recht harte Filterkante haben, liefert sie Heliopan mit allmählichem Dichteverlauf (und als ordentliche Glasscheiben, die nicht so kratzempfindlich sind wie die Cokin-Filter aus Kunststoff). Ein solches Filter ist hervorragend geeignet, zum Beispiel den meist viel zu hellen Himmel so weit zurückzuhalten, daß der Film bzw. das Vergrößerungspapier den Kontrast noch bewälti-

Verlauffilter halten zu helles Himmelslicht wirksam zurück

Ein Sterneffektfilter zieht lange Strahlen aus jeder Lichtquelle oder jedem starken Reflex. Die Anzahl dieser Strahlen hängt vom Filtertyp ab. Am überzeugendsten wirkt der Effekt, wenn sich nicht zu viele Lichtquellen im Bild befinden.

Verlauffilter erfordern Abschaltung der Belichtungsautomatik

gen kann. Damit läßt sich sogar die Sonne direkt ins Bild einbeziehen – sie wird als breiter Stern kommen.

»Für das breite Publikum« werden Verlauffilter in einem Halter an das Objektiv angesetzt, in dem sie beliebig verschoben werden können. Auf diese Weise läßt sich die Lichtdämpfung über beliebige Teile des Bildes verteilen, höher oder tiefer ansetzen. Ich muß gestehen, daß es mir einfach zu umständlich ist, für jede Verlauffilteraufnahme den Adapter aufs Objektiv zu schrauben. Also lege ich den Streifen einfach mit der linken Hand flach an die Objektivfassung an. Das geht schneller und ist praktischer, wenngleich man natürlich mit einer Hand fotografieren muß.

Die Belichtungsautomatik der EOS können Sie bei Aufnahmen mit Verlauffiltern nur teilweise nutzen: Neigen Sie die Kamera etwas nach unten, so daß der (mit dem Filter zurückzuhaltende) Himmel vom Ausschnitt nicht erfaßt, nur der Vordergrund angemessen wird. Lesen Sie die Datenanzeige im Sucher ab, schalten Sie auf »M« und stellen Sie die abgelesene Blende und Verschlußzeit von Hand ein. Nur so ist sichergestellt, daß die Automatik nicht den durch das Filter entstehenden »Lichtverlust« auszugleichen versucht und den Effekt damit zunichte macht.

Eine Vielzahl weiterer Effektvorsätze gibt es, die Sie eine ganze Weile beschäftigen werden. Sie alle zu erwähnen, würde zu weit gehen, zumal die verschiedenen Hersteller eigene Ideen und Verfahren einbringen, so daß sich unzählige Spielarten ergeben.

Blitzaufnahmen

Das eingebaute Blitzgerät oder ein System-Blitzgerät im Zubehörschuh der EOS 100 machen Sie über kürzere Abstände unabhängig von den Lichtverhältnissen. Dabei bieten diese Ge-
räte im Verein mit der Kameraelektronik einen so hohen Bedienungskomfort, daß der rein technische Aspekt jeden Schrek-
ken verliert.

In diesem Zusammenhang begegnen uns immer wieder die
drei Buchstaben TTL, die wir schon von der normalen Belichtungsmessung in Spiegelreflexkameras her kennen. Sie stehen für »Through The Lens« und sagen uns, daß das Licht –
welches auch immer – im Innern der Kamera gemessen wird.

TTL = Innenmessung

Die grundlegende Technik ist nicht mehr neu: Die Kamera
verfügt über eine zusätzliche Meßzelle im Spiegelkasten, die
nach hinten in Richtung Film blickt und im Blitzbetrieb das von

*Das eingebaute Blitzge-
rät meistert eine Vielzahl
normaler Aufnahmesitua-
tionen mit Bravour.*

der Filmoberfläche reflektierte Licht erfaßt. Sobald ein kon-
struktiv vorgegebener Schwellwert erreicht ist, schaltet die
Kamera den Lichtfluß des Blitzgeräts ab. All das vollzieht sich
in unvorstellbar kurzer Zeit, nämlich während der Dauer des für
unser Auge so schnell wieder verloschenen Blitzes.

Die Vorteile dieses Verfahrens liegen auf der Hand: Die
Blitzmeßzelle in der Kamera erfaßt, getreu dem Prinzip der Innenmessung, nur das, was effektiv auf dem Film ankommt. So
spielt es keine Rolle, ob ein Filter auf dem Objektiv die Lichtin-

tensität verringert, wie weit das Objektiv abgeblendet ist, welche Brennweite wirksam wird usw.

Damit es den Rätselfreunden nicht zu langweilig wird, hat Canon ein neues Kürzel erfunden. Mit A-TTL (Advanced TTL) bezeichnet man die weiterentwickelte Form der Blitzinnenmessung, wie sie mit geeigneten System-Blitzgeräten möglich wird. Hier wird – solange die Bereiche der Blitzgeräte nicht überschritten werden – nicht nur das auf dem Film ankommende Blitzlicht gemessen, sondern gleichzeitig die Allgemeinbeleuchtung des Motivs. Bei der Dosierung des Blitzes berücksichtigt die Kamera dann beide Komponenten, so daß sich eine ausgewogene Allgemeinbelichtung des Motivs ergibt. Damit entfallen einmal die so unschönen »schwarzen Löcher« in Blitzaufnahmen. Zum anderen wird damit das Aufhellblitzen bei Tage zum Kinderspiel.

A-TTL = ausgewogene Belichtung von Vorder- und Hintergrund

Das eingebaute Blitzgerät

Als »blinder Passagier« reist diese kleine Zusatzsonne mit und springt stets dann ein, wenn das vorhandene Licht nicht ausreicht. Daß sich dies nur auf den relativen Nahbereich beziehen kann, liegt auf der Hand. Den Eiffelturm können Sie natürlich nicht blitzen.

Das normalerweise dezent im Prismengehäuse verborgene, eingebaute Blitzgerät entpuppt sich als recht leistungsfähige »Taschensonne«. Sein Reflektor zoomt mit der Brennweitenverstellung eines Zoomobjektivs bis maximal 80 mm Brennweite. Diese stärkere Bündelung des Lichts verbessert die Lichtausbeute.

Für seine Klasse ist dieser Mini-Blitz bereits »ein starkes Stück«, denn Leitzahl 13 – 18 gilt nach dem heutigen Stand der Dinge als hoch für ein eingebautes Gerät dieser Art. Die gleitende Leitzahl ergibt sich aus der Tatsache, daß der Blitzreflektor mit der Brennweite(neinstellung) des Objektivs zoomt: von 28 mm über 50 mm bis auf 80 mm. (Jede längere Brennweite ist natürlich auch mit dieser Einstellung einsetzbar.) Durch diese zunehmende Bündelung wird die Energie konzentriert und somit die Reichweite vergrößert. Und dies ist auch dringend nötig, denn moderne Zoomobjektive lassen in bezug auf die Lichtstärke geradezu haarsträubend Federn, wenn es an etwas längere Brennweiten geht. So beziehen sich die von Canon zu diesem Blitzgerät gemachten Angaben auf Verwendung des EF 1:3,5-5,6/28-80 mm USM. Und wie Sie sehen, verringert sich die Lichtstärke dieses Objektivs über den Bereich von 28 – 80 mm um volle 1 1/2 Blendenstufen! Und so addieren sich zwei Effekte: Bei Einsatz einer längeren Brennweite wird sich Ihr Motiv oft ein wenig weiter weg befinden als bei einer kurzen. So kommt zu dem längeren Lichtweg noch die Verringerung der Energie um 1,5 Blendenstufen.

Der Zoomreflektor verbessert die Lichtausbeute

**Reichweite des eingebauten Blitzgerätes
mit EF 1:3,5–5,6/28–80 mm**

ISO	Negativfilm 28 mm (m)	Diafilm 28 mm (m)	Negativfilm 80 mm (m)	Diafilm 80 mm (m)
100/21°	1,0 – 5,2	1,0 – 3,7	1,0 – 4,5	1,0 – 3,2
400/27°	1,2 – 10,4	1,6 – 7,4	1,0 – 9,0	1,0 – 6,4

Jetzt wird auch klar, warum sich bei ISO 100/21° – denn natürlich spielt auch die Filmempfindlichkeit eine Rolle – für Negativfilm bei 28 mm (und 1:3,5) eine maximale Reichweite von 5,2 m ergibt, bei 80 mm (und 1:5,6) jedoch nur von 4,5 m. Diese Werte sind bereits sehr anständig und für normale Zwecke voll ausreichend. Bei Diafilm, der keinen so großzügigen Belichtungsspielraum hat wie Negativfilm, sind die Grenzen allerdings viel enger gesteckt. Hier bleiben Ihnen bei 28 mm nur 3,7 m, bei 80 mm gar nur 3,2 m.

Die Blitzreichweite ist für Negativfilm größer als für Diafilm

Setzen Sie hingegen hochempfindlichen Film mit ISO 400/27° ein, so verdoppeln sich die genannten Entfernungen, und Sie kommen (mit Negativfilm) selbst bei 80 mm auf eine Reichweite von stolzen 9 m. Und damit sind Sie König – mit dem eingebauten Mini-Blitzer! »Im Familienkreis« werden Sie diese Reichweite jedoch nicht einmal brauchen, sondern auch mit normaler Empfindlichkeit auskommen.

Bei schwachem Licht bzw. strukturlosen Flächen im Meßfeld wirft eine kleine Infrarotleuchte neben dem eigentlichen Blitzreflektor kurzzeitig Zusatzlicht auf das Motiv, um dem Autofokus-System im Bereich von etwa 1 – 5 m die Einstellung zu ermöglichen.

Bis 5 m unterstützt eine Infrarotleuchte die automatische Scharfeinstellung

Es versteht sich, daß das eingebaute Blitzgerät nur allein benutzt werden kann. Beim Einsatz eines der aufsteckbaren

Ein Aufhellblitz kann völlig neue Motive schaffen (links mit, rechts ohne Blitz). Wichtig ist, daß das Blitzlicht keine zweite Lichtrichtung schafft. Diese Gefahr besteht jedoch nur bei sehr starker Annäherung an den Vordergrund.

Bis 1/125 s läßt sich Blitz in der EOS 100 synchronisieren

System-Blitzgeräte muß das eingebaute Gerät *eingeklappt* sein! Ein Deckel im Zubehörschuh der Kamera setzt das eingebaute Blitzgerät gleichfalls außer Gefecht.

Die Synchronzeit

Von der Erläuterung des Funktionsprinzips des Schlitzverschlusses wissen wir, daß er das Bildfenster nur bis zu einer gewissen Grenze einmal wenigstens ganz kurz voll freigibt, weil sich kürzere Zeiten nur durch Bildung eines wandernden Schlitzes erzielen lassen. In der EOS 100 ist diese kürzeste Verschlußzeit, mit der sich Elektronenblitz noch synchronisieren läßt, die 1/125 s. Bei Nacht spielt eine möglichst kurze Synchronzeit keine so große Rolle. Bei Tage jedoch, beim Aufhellblitzen, erlangt sie eminente Bedeutung, denn je länger dabei die Belichtungszeit, um so kleiner wird die Arbeitsblende ausfallen, um eine Überbelichtung durch das helle Tageslicht zu verhindern. Doch was bedeutet eine kleine Blende für den Blitz? Richtig, er wird buchstäblich »abgeschnitten«, seine an sich schon nicht grenzenlose Energie wird weiter verringert. Und damit natürlich auch seine Reichweite. Fazit: Längere Synchronzeiten machen den Aufhellblitz eines »Eingebauten«

praktisch wirkungslos, weil durch die kleine Blende nicht mehr genug Blitzlicht hindurchkommt.

Mit der 1/125 s als obere Grenze bietet die EOS 100 gute Voraussetzungen für die Nutzung des Blitzes auch bei Tageslicht.

Blitzen in den Automatikprogrammen (einschließlich P)
Im unteren Bereich der Wählscheibe geht alles automatisch. Auch das Blitzen. Wann immer die Kamera es für richtig hält, klappt sie (bei angetipptem Auslöser) automatisch das Blitzgerät aus, und zwei Sekunden später meldet Ihnen die Bereitschaftslampe im Sucher Zündbereitschaft. Nach der oder den Aufnahmen klappen Sie das Gerät mit zarter Hand wieder nach unten.

Die Kamera stellt automatisch eine Verschlußzeit zwischen 1/60 s und 1/125 s ein und regelt die Blende nach der Allgemeinhelligkeit. Sie bedient sich dabei des TTL-Blitzprogramms, in dem die Intensität des von der Filmoberfläche reflektierten Lichts gemessen wird. Dies geschieht über eine eigene Fotozelle, die im Boden des Spiegelkastens eingebaut und nach hinten auf die Filmebene gerichtet ist.

> **Das Blitzlicht wird von der Zelle im Spiegelkasten gemessen**

Für alle allgemeinen Aufnahmen, bei denen Sie der Kamera möglichst weitgehend freie Hand lassen wollen, schalten Sie auf Vollautomatik (grünes Rechteck). Dabei nehmen Sie allerdings in Kauf, daß der Blitz auch dann vorwitzig sein Haupt erhebt, wenn dabei eigentlich gar nichts rauskommen kann. Wir hatten darüber gesprochen. Das ist der Preis für Vollautomatik (und geistiges Wegtreten).

Möchten Sie bei ansonsten automatischer Belichtungsregelung selbst entscheiden, wann geblitzt wird und wann nicht, dann schalten Sie auf Programmautomatik (P). Die Initiative zur Blitzbenutzung muß hier allerdings von Ihnen kommen. Die Verwacklungswarnung im Sucher sollte Sie veranlassen, den Blitz durch Druck auf die Blitztaste neben der Wählscheibe auszuklappen und einzuschalten. Dies gilt auch für jedes der nachstehend beschriebenen Belichtungsprogramme. Nach der oder den Aufnahmen klappen Sie das Gerät wieder ein. Bleibt es ausgefahren, zündet es bei jeder Auslösung.

Ein Druck auf die Blitztaste führt bei diesen Belichtungsprogrammen zur Einschaltung der Sonderfunktion zur Verringerung roter Augen (siehe unten).

> **Zur Verringerung roter Augen genügt ein Tastendruck**

Blitzen mit Blendenautomatik (Tv)
Hier geben Sie bekanntlich die Verschlußzeit vor. Dafür steht Ihnen der gesamte Bereich von 30 s bis 1/125 s zur Verfügung. Sollten Sie vorwitzigerweise eine noch kürzere Zeit einstellen, wird Sie die Kamera in die Grenzen weisen und stur auf 1/125 s

zurückschalten – damit Sie keine nur teilbelichtete Aufnahme verewigen. Die Blende wird automatisch auf eine den Gegebenheiten und der vorgewählten Verschlußzeit entsprechende Öffnung eingestellt.

Blendenautomatik würde ich Ihnen für Blitzaufnahmen bei Nacht oder Dämmerung empfehlen – und das gilt auch für Innenaufnahmen. Denn eines sollten Sie unbedingt einmal ausprobieren: Stellen Sie eine *längere* Synchronzeit ein, je nach der Stärke der Allgemeinbeleuchtung vielleicht 1/30 s oder 1/15 s. Was passiert? Ihr Vordergrundmotiv, auf dem die Schärfe liegt – vermutlich eine Person –, wird vom Blitz dank seiner kurzen Leuchtdauer scharf festgehalten. Der Hintergrund fällt wahrscheinlich sowieso in den Unschärfenbereich und würde bei einer kurzen Synchronzeit nur mehr als schwarzes Loch kommen – eine typische Blitzaufnahme! Mit längerer Synchronzeit jedoch hat er Gelegenheit, mit der vorhandenen Allgemeinbeleuchtung auf die Emulsion einzuwirken. Und plötzlich wird aus dem schwarzen Loch ein stimmungsvolles Bild. Die Unschärfe des Hintergrunds spielt keine Rolle, auch wenn vielleicht 1/15 s zusätzliche Verwacklungsunschärfe einführt. Wichtig ist allein die atmosphärische Wirkung dieses Hintergrunds.

Längere Synchronzeiten verbessern die Hintergrundwiedergabe

Blitzen mit Zeitautomatik (Av)

Diesmal ist es die Blende, die Sie vorgeben. Die Kamera sucht sich dazu eine passende Verschlußzeit zwischen 30 s und 1/125 s. Bei Tageslicht würde dies genaue Beobachtung der Sucheranzeige erfordern, damit Sie sicher sind, daß Sie die eingesteuerte Zeit auch wirklich unverwackelt halten können. Durch Änderung der Blendeneinstellung läßt sich die resultierende Zeit manipulieren.

Av erfordert genaue Kontrolle der Sucheranzeige

Blitzen mit Handeinstellung (M)

Hier sind *Sie* der Chef. Sie wählen Blende und Verschlußzeit vor, letztere jedoch nicht kürzer als 1/125 s. Allerdings ist es kein Beinbruch, wenn Sie versehentlich in eine kürzere Zeit geraten, denn die Kamera stellt sie automatisch auf 1/125 s zurück. Sie können also eigentlich gar nichts falschmachen – blitztechnisch zumindest.

Die leidige Vignettierung

Licht und Schatten gehen Hand in Hand. Der Nachteil eines eingebauten Blitzgerät ist es, daß es sehr nah an der Aufnahmeachse sitzt. Haben Sie jetzt ein »dickes« Objektiv an der Kamera oder aber eine Gegenlichtblende aufgesetzt, dann bleibt das Blitzlicht buchstäblich daran hängen – Sie handeln sich Vignettierung ein. Das gilt für besonders lichtstarke Zoomobjektive, wie zum Beispiel das EF 1:2,8/20-35 mm L oder EF 1:2,8-4/28-80 mm L USM, für langbrennweitige Zooms, wie das EF 1:2,8/80-200 mm L oder das (nicht mehr im Programm befindliche) EF 1:3,5-4,5/50-200 mm L, und schließlich für die »dicken Berthas«, jene superlichtstarken Fernobjektive wie das EF 1:2,8/300 mm L USM usw., mit denen der Einsatz des eingebauten Blitzgeräts sowieso etwas seltsam anmutet.

»Dicke« oder lange Objektive können den Blitz abschatten

Somit heißt die Devise: Gegenlichtblende zum Blitzen abnehmen (Achtung bei Vollautomatik: Dann müssen Sie *stets* ohne Gegenlichtblende fotografieren, weil das Blitzgerät ja jederzeit ausklappen kann!) und dicke Brocken meiden.

Du hast so wunderschöne rote Augen...

Das wird sich schon mancher Fotograf gedacht haben, als er seine mit eingebautem Blitz gemachten Aufnahmen betrachtete. Dabei hatte sein Schatz doch eigentlich himmelblaue...?

Tja, es hat eben alles zwei Seiten. Und so gereicht dem eingebauten Blitzgerät wiederum zum Nachteil, daß es so nah an der optischen Achse sitzt. Bei schwacher Allgemeinbeleuchtung nämlich öffnen sich die Pupillen von Mensch und Tier weit. Ein direkt in der optischen Achse abgegebener Blitz gelangt durch diese weit geöffneten Pupillen direkt auf den (roten) Augenhintergrund – und schon haben Sie des Rätsels Lösung.

Sobald der Blitz stärker versetzt zur optischen Achse abgegeben wird – und hierfür reicht im allgemeinen schon der Abstand zum Reflektor eines aufgesetzten Blitzgeräts –, stellt sich das Problem nicht mehr: Seine Reflexion auf dem Augenhintergrund wird aus dem Blickwinkel des Objektivs nicht mehr erfaßt. Schatzis Augen bleiben himmelblau.

Damit Sie jedoch auch mit dem eingebauten Blitzgerät der EOS 100 himmelblaue Augen fotografieren können, gibt es eine Spezialschaltung, in der das Motiv unmittelbar vor der Blitzzündung intensiv »vorbeleuchtet« wird: Die Pupillen der »Opfer« schließen sich weiter, der Blitz dringt nur noch durch eine kleine Öffnung ins Auge ein, die das Rot des Augenhintergrunds kaum noch erkennen läßt. Und damit dies passiert, müssen Sie folgendes tun:

»Vorbeleuchtung« führt zur weiteren Schließung der Pupillen

In den vollautomatischen Programmen drücken Sie die Blitztaste (*bei eingeklapptem Blitzgerät!*) einmal. Fertig.

In den halb- und vollautomatischen Programmen im oberen Bereich der Wählscheibe führt ein Druck auf die Blitztaste *bei ausgefahrenem Blitzgerät* zur Einschaltung der Sonderfunktion. Zur Ausschaltung drücken Sie die Blitztaste jeweils erneut.

Das Speedlite 200E

Speedlite 200E

Dieses externe Blitzgerät liegt mit Leitzahl 20 für ISO 100/21° gar nicht so weit weg vom eingebauten Mini-Blitz. Es bezieht seine Spannung aus vier Alkali-Mangan-Mignonzellen 1,5 V. Sein Reflektor ist starr in jeder Beziehung: weder schwenk- oder neigbar, wie es für indirektes Blitzen erforderlich wäre, noch in seinem Leuchtwinkel auf verschiedene Aufnahmebrennweiten einstellbar. Und so ergibt sich auch nur eine »starre« Reichweite: etwa 0,7 bis 7 m für Farbnegativfilm von ISO 100/21°. Bei Diafilm mit seinem weitaus geringeren Belichtungsspielraum ist bei etwa 5 m Schluß.

In Grundausstattung leuchtet das Gerät den Bildwinkel eines 35-mm-Objektivs aus, mit einer als Zubehör lieferbaren Weitwinkel-Streuscheibe jenen eines Objektivs 28 mm. Nach dem Einlegen der Batterien wird das Gerät im Zubehörschuh der Kamera verriegelt. Vor der oder den Aufnahmen schalten Sie es mit seinem Hauptschalter ein (I). Sobald die Bereitschaftslampe aufleuchtet, sind Sie schußbereit.

Ein eingebauter AF-Hilfsilluminator projiziert bei schwachem Licht oder geringem Objektkontrast Linienmuster auf das Motiv, die dem AF-System die automatische Scharfeinstellung ermöglichen. Dies geschieht automatisch und ohne daß Sie es als Fotograf normalerweise wahrnehmen. Diese Fokussierhilfe funktioniert im Bereich von 1 – 5 m.

Das Speedlite 430EZ

Dies ist das leistungsstärkste der Canon-Speedlites für die EOS 100. Für seine Leistung und Vielseitigkeit ist es erfreulich klein und leicht.

Auf der Kamera zoomt der Reflektor des Geräts je nach Aufnahmebrennweite automatisch auf Stellungen entsprechend f = 24 bis 80 mm. Diese sind jedoch auch von Hand einstellbar,

Der Blitzreflektor zoomt automatisch

eine Möglichkeit, die sich bei abgeschalteter Automatik nicht nur zur zusätzlichen Steuerung der Lichtintensität, sondern auch zur Verbesserung der Ausleuchtung, zum Beispiel bei sehr kurzen Aufnahmeabständen, nutzen läßt. Für indirektes Blitzen ist der Reflektor neig- und schwenkbar.

In Reflektorstellung 80 mm erreicht das Gerät Leitzahl 43 bei ISO 100/21°. Die Blitzfolgezeit bei A-TTL-Blitzautomatik liegt bei 0,2 bis 1 s – sämtlich respektable Werte. Als Clou bietet das Gerät die Möglichkeit, die Blitzleistung im Automatik-

Das Speedlite 430EZ ist das leistungsstärkste der Canon-Systemblitzgeräte. Sein Bedienungskomfort ist beachtlich, seine Leistung respektabel. Zum erstenmal bietet es die Möglichkeit, die Blitzleistung durch Eingabe von Korrekturfaktoren zu variieren, so daß sich zum Beispiel Aufhellblitze individuell dosieren lassen.

betrieb in Drittelstufen zu korrigieren, so daß sich zum Beispiel Aufhellblitze ganz nach Geschmack oder besonderen Erfordernissen feindosieren lassen. Damit ist endlich sichergestellt, daß Aufhellblitze bei Bedarf hauchzart abgegeben werden können. Nachdem Sie die A-TTL-Automatik an einigen Beispielen getestet haben, können Sie entscheiden, ob Ihnen die – bereits gedrosselten – Aufhellblitze genehm sind oder ob Sie eine noch zartere Lichtspritze bevorzugen. Mit diesem Wissen wird es zur Kleinigkeit, Ihre Wünsche über den Blitz-Korrekturfaktor durchzusetzen.

Bei abgeschalteter Automatik stehen sechs verschiedene Leistungsstufen zur Verfügung. Für Stroboskopaufnahmen sind bis zu zehn Blitze in der Sekunde möglich. Bei Langzeitbelichtungen können Sie zwischen Synchronisation auf den ersten und den zweiten Verschlußvorgang wählen.

Sechs Leistungsstufen bei abgeschalteter Automatik

Besonders hoch ist der Bedienungskomfort beim indirekten Blitzen: Durch einen beim Antippen des Auslösers gezündeten (schwächeren) Vorblitz wird die Kamera in die Lage versetzt, die Beleuchtung trotz »Umlenkung« des Lichtkegels zu prüfen, so daß Fehlergebnisse vermieden werden.

Seine Spannung bezieht das 430EZ aus vier Mignonzellen 1,5 V bzw. entsprechenden NC-Zellen. Für große Aufnahmeserien empfiehlt sich der Einsatz des an den Steckschuh anschließbaren Transistorteils E, das mit Alkali-Mangan-Batterien bis zu 2000 und mit NC-Zellen bis zu 1500 Blitze erlaubt.

Übersichtliches, großes LCD-Anzeigefeld

Sämtliche Betriebsdaten werden auf einem großen LCD-Anzeigefeld übersichtlich dargestellt. Damit die Ablesbarkeit der Anzeige in jedem Falle gewährleistet ist, kann die LCD mit Elektrolumineszenz beleuchtet werden. – Ein Hilfsilluminator projiziert bei schwacher Beleuchtung oder niedrigem Kontrast automatisch Meßblitze auf das Motiv und ermöglicht damit dem AF-System der Kamera die automatische Scharfeinstellung selbst unter sehr ungünstigen Verhältnissen – bis hin zur völligen Dunkelheit. Und das bis auf etwa 10 m.

Das Speedlite 300EZ

Auch dieses besonders kleine und handliche Gerät besitzt einen Zoomreflektor. Auf der Kamera stellt er sich automatisch auf Brennweiten von 28 bis 70 mm ein. Bei ISO 100/21° ergeben sich die Leitzahlen 22 in Stellung 28 mm bzw. 30 in Stellung 70 mm. Indirektes Blitzen ist jedoch mit diesem Gerät nicht möglich, denn der Reflektor ist weder neig- noch schwenkbar.

Die Blitzfolgezeit liegt bei A-TTL-Automatik zwischen 0,3 und 1 s. Mit anderen Worten, man ist praktisch jederzeit schußbereit. Auch dieses Gerät arbeitet mit vier Mignonzellen 1,5 V bzw. entsprechenden NC-Zellen. Die Synchronisation des Blitzes auf den zweiten Verschlußvorgang ist möglich.

Der segensreiche Aufhellblitz

Das Aufhellblitzen hat uns in der Spiegelreflexfotografie lange Zeit Schwierigkeiten bereitet. Endlich jedoch ist das Leben leichter geworden, denn die EOS besorgt die Messung und Mischung automatisch.

Der Aufhellblitz mindert die Kontraste

Eigentlich ist das Aufhellblitzen noch immer ein Stiefkind vieler Fotografen. Dabei kann es Ihre Aufnahmen um Klassen verbessern. Denn bei so vielen Motiven sind die Kontraste zwischen Lichtern und Schatten einfach zu groß, als daß sie der Film noch verarbeiten könnte. Eine einigermaßen ansprechende Wiedergabe beider Extreme ist schlicht unmöglich. Folglich müssen wir Kompromisse schließen: Entweder wir verzichten auf Schattenzeichnung, oder wir müssen uns mit ausgewaschenen Lichtern zufriedengeben. Wenn wir obendrein mit Belichtungsautomatik fotografieren und unsere Negative

anschließend von einer automatischen Vergrößerungsma-
schine, dem Printer, »auf Durchschnitt gebracht« werden,
dann können wir uns ausrechnen, was übrigbleibt. Nicht allzuviel.

*Zur besseren Ausleuch-
tung des Vordergrunds
läßt sich der Aufhellblitz
auch mit Langzeitbelich-
tungen kombinieren.*

Nehmen Sie sich deshalb ernsthaft vor, in Zukunft auch bei
Tageslicht zu blitzen, sobald Sie im Vordergrund starke Schatten bemerken. Der Film wird es Ihnen mit ausgewogenen Bildern danken. Technisch bleibt Ihnen kaum etwas zu tun übrig,
denn im Prinzip genügt (sofern sie nicht automatisch geschieht) die einfache Zuschaltung des Blitzgeräts. Selbstverständlich sollten sie zumindest grob abschätzen, ob sich das
Objekt innerhalb der Reichweite des verwendeten Blitzgeräts
befindet, denn nur so kann der Blitz wirksam werden. Bei starker Hintergrundbeleuchtung besteht bei Einsatz des eingebauten Blitzgeräts die Gefahr, daß etwas weiter entfernte Objekte nach wie vor »zugehen«, wie man in der Fotografie sagt,
daß sie in den Schatten ertrinken.

**Allein die Blitzreich-
weite setzt die
Grenze beim Einsatz
des Aufhellblitzes**

Blitzsynchronisation auf den zweiten Verschlußvorhang

Vielleicht haben Sie sich schon gefragt, was es mit dieser Möglichkeit, von der Canon in seinen Unterlagen spricht, eigentlich
auf sich hat. Hierzu wollen wir rekapitulieren, daß bei einem

Schlitzverschluß, wie ihn auch die EOS aufweist, ein soge-
nannter erster Vorhang das Bildfenster freigibt, während es ein
zweiter wieder schließt. Bei kurzen Zeiten setzt sich der zweite
Vorhang bereits in Marsch, während der erste noch unterwegs
ist, so daß die Belichtung durch einen – je nach der wirksamen
Verschlußzeit zunehmend engeren – Spalt erfolgt, der zur Bezeichnung »Schlitzverschluß« führte.

Für Blitzaufnahmen muß der Verschluß voll geöffnet sein

Für die Blitzfotografie können wir jedoch nur Verschlußzeiten nutzen, in denen das Bildfenster wenigstens für einen kurzen Augenblick einmal voll geöffnet ist: Dies ist die »Synchronzeit«, die in der EOS 100 1/125 s beträgt. Bei kürzeren Zeiten könnte der Blitz nur noch den jeweils freigegebenen Be-
lichtungsspalt erreichen – die Aufnahme wäre unbrauchbar,
denn nur ein Teil wäre belichtet. Mit längeren Zeiten hingegen
lassen sich Blitze problemlos synchronisieren.

Bisher war es im Reflexkamerabau üblich, Elektronenblitze
dann zu zünden, wenn sich der erste Verschlußvorhang am Ende seines Weges befindet, das Bildfenster bei genügend langen Zeiten also voll geöffnet ist. Was passiert nun, wenn Sie die
Blitzzündung mit einer längeren Belichtungszeit kombinieren,
vielleicht einer vollen Sekunde? Bei genügender Allgemein-
dunkelheit – die zu keiner Überbelichtung des Hintergrunds
führt – trifft der Blitz das Objekt am *Anfang* der Belichtung. Er
friert es in dieser Stellung innerhalb des Bildformats ein. Sobald sich bewegte Lichtquellen im Bild befinden (vielleicht die
Scheinwerfer eines fahrenden Autos), macht die nun folgende
Belichtung diese Lichtquellen als Leuchtspuren sichtbar. Sie
erhalten eine Blitzaufnahme, gefolgt von einer »Zeitbelichtung«: Ein von links kommendes Auto steht links im Bild, seine
(später aufgezeichneten) Scheinwerferspuren eilen ihm voraus, in den rechten Teil des Formats. Es entsteht der Eindruck
eines stehenden Fahrzeugs.

Synchronisation auf den zweiten Vorhang für natürliche Wie- dergabe bewegter Objekte

Synchronisieren Sie den Blitz hingegen auf den zweiten
Verschlußvorhang, kehrt sich der Vorgang um: Zuerst erfolgt
die Zeitbelichtung, die Lichtspuren werden aufgezeichnet;
dann friert der Blitz kurz vor Schließung des Bildfensters durch
den zweiten Vorhang das Auto ein. Jetzt scheinen im Bild die
Leuchtspuren dem Fahrzeug zu folgen. Das Auto ist zwar
scharf abgebildet, die Bewegung jedoch unübersehbar.

Der indirekte Blitz

Mit einem Speedlite 430EZ steht Ihnen auch das indirekte
Blitzen mit allem Konfort offen. Außerordentlich interessant ist
diese Technik wegen ihrer weichen Ausleuchtung. Oft genug
werden Sie zumindest im Stillen schon die harten Schatten be-

dauert haben, die so typisch sind für normale Blitzaufnahmen. Zunächst sei angemerkt, daß sich besonders augenfällige Schatten dadurch vermeiden lassen, daß Sie Personen weit genug von einer Wand abrücken, auf der sich die Schatten abzeichnen würden. Doch mit einem Schwenkreflektor, wie ihn das Speedlite 430EZ bietet, geht es noch anders.

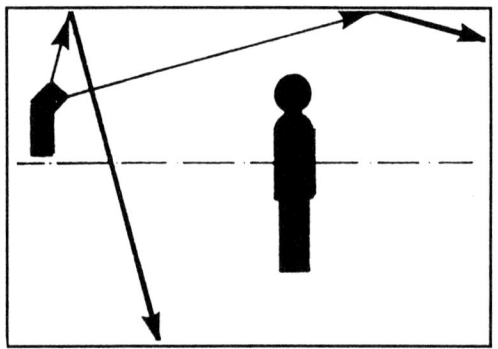

Beim indirekten Blitzen richtet man den Blitz gegen die Zimmerdecke oder eine Wand, so daß er gestreut auf das Motiv fällt. Das Ergebnis ist eine bedeutend weichere Ausleuchtung als beim frontalen Blitzen.

Man richtet den Reflektor schräg nach oben und blitzt z.B. eine weiße Zimmerdecke an. Der Blitz wird von der Reflexionsfläche gestreut und ergibt somit eine diffuse Ausleuchtung des Motivs. Zahllose Varianten sind durch Änderung des Neigungswinkels des Reflektors, evtl. verbunden mit einer seitlichen Drehung, möglich. Statt einer Zimmerdecke mag auch eine Wand als Reflexionsfläche dienen.

Natürlich sollte die Reflexionsfläche nicht zu weit entfernt sein, da sonst eventuell der Weg zu lang wird, den das Licht bis zum Aufnahmegegenstand zurücklegen muß. Je näher sich die Reflexionsfläche am Blitzgerät befindet, um so kontrastreicher wird im allgemeinen die Ausleuchtung. Wichtig ist auch, daß Sie eine möglichst reinweiße Reflexionsfläche wählen. Eine farbige Fläche würde dem Motiv seine Eigenfarbe überlagern.

Bei geneigtem Reflektor schaltet dieser im Speedlite 430EZ auf die Brennweite 50 mm. Der Leuchtwinkel kann jedoch durch Tastendruck variiert werden. Sobald Sie den Kamera-Auslöser antippen, zündet das Gerät einen (schwächeren) Probeblitz, mit dem es Ihnen eine Menge Arbeit abnimmt. So nämlich kann das Meßsystem feststellen, wieviel Licht auf dem Weg über die Reflexionsfläche im Motiv ankommt. Prompt wird im Sucher sowie in der LCD des Blitzgeräts die erforderliche Arbeitsblende angezeigt, die die Kamera in einem ihrer Automatikprogramme natürlich auch selbsttätig einstellt. So wird es zum Kinderspiel, verschiedene Beleuchtungs-

Automatische Probeblitze ermitteln die erforderliche Arbeitsblende

situationen durchzuspielen, zumal die Kamera wiederum die Belichtung von Vorder- und Hintergrund aufeinander abstimmt.

AF funktioniert auch beim indirekten Blitzen

Die automatische Scharfeinstellung funktioniert auch beim indirekten Blitzen, so daß jede »Kompliziertheit« der Vergangenheit angehört. Diese Leichtigkeit empfiehlt das indirekte Blitzen auch zur Schattenaufhellung in Innenräumen, sofern geeignete Reflexionsflächen zur Verfügung stehen.

Automatisches Mehrfachblitzen

Mit ein wenig Zubehör wird die EOS 100 zur Grundlage eines automatischen Blitzstudios. Bis zu vier Speedlites 300EZ oder 430EZ lassen sich so zusammenschalten, daß vollautomatische Blitzaufnahmen mit A-TTL möglich werden. Im einzelnen brauchen Sie hierfür:

1. Einen sogenannten TTL-Mittenkontaktadapter, der im Zubehörschuh der Kamera das erste der Blitzgeräte aufnimmt.
2. Einen TTL-Verteiler, der den Anschluß von bis zu drei weiteren Blitzgeräten gestattet.
3. Für jedes weitere Blitzgerät einen TTL-Adapter, gewissermaßen ein getrennter Zubehörschuh mit Kabelanschluß und Stativgewinde an der Unterseite.
4. Entsprechende Verbindungskabel, die es in Längen von 60 cm und 3 m gibt.

Eine solche Anlage setzt natürlich ein wenig Experimentieren mit der Plazierung der einzelnen Blitzgeräte voraus. Eine

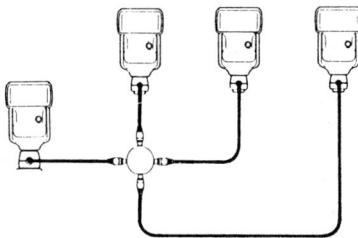

Mit ein wenig Zubehör lassen sich bis zu vier Speedlites 300EZ oder 430EZ zu einer »Blitzanlage« zusammenschalten.

von mehreren Seiten kommende, plastisch modellierende Beleuchtung erfordert unterschiedliche Beleuchtungsstärken aus den verschiedenen Richtungen, die sich entweder durch streuende Vorsätze vor einzelnen Geräten und/oder die Aufstellung der Speedlites in unterschiedlichem Abstand vom Modell erzielen lassen.

Nicht möglich sind beim Blitzen mit mehreren Speedlites Aufnahmen mit Programmautomatik und die automatische Brennweiteneinstellung der Zoomreflektoren.

Zubehör zur EOS 100

Wie haben sich die Zeiten gewandelt! Vor noch nicht allzu langer Zeit mußte jede einäugige Spiegelreflexkamera, die auch nur etwas auf sich hielt, ein »System-Diagramm« mit mindestens 60 Positionen nachweisen. Heute fragt man sich, ob moderne Kameras dieses Typs wirklich noch so vielseitig sind – denn Zubehör haben sie kaum mehr aufzuweisen.

Fast alles »Zubehör« ist heute bereits eingebaut

Auch das ist ein Maß für den technischen Fortschritt. Was sich einstmals nur mit einem Koffer voller Zubehör verwirklichen ließ, ist heute schlicht und einfach eingebaut. Geradezu langweilig!

Und so bleibt auch der EOS 100 nicht mehr allzuviel an echtem Zubehör, wenn wir einmal von den Objektiven absehen wollen, die inzwischen wohl den Platz dessen eingenommen haben, was man in der Vergangenheit als das »Drum und Dran« einer einäugigen Reflexkamera empfand.

Der Zusatzgriff GR-70

Da bemühen sich die Konstrukteure nun, unsere Kameras so klein und handlich wie möglich zu bauen – und dann stellen wir mit Befremden fest, daß das, was dem einen sein Händchen, dem anderen seine Pratze ist. Doch bitte schön, wenn Sie zu den etwas reichlicher dimensionierten Zeitgenossen zählen sollten, dann weiß Canon auch hierfür Rat:

Als Zubehör gibt es nämlich einen sogenannten Zusatzgriff GR-70, der im Stativgewinde der Kamera befestigt wird und mit einer einstellbaren, gepolsterten Handschlaufe versehen ist. Er kommt Ihnen eventuell auch zustatten, wenn Sie häufig mit sehr langbrennweitigen Objektiven fotografieren.

Sucherzubehör

Wer eine Brille trägt, weiß, wie schwierig die Handhabung einer Kamera werden kann, wenn man das Sucherbild nicht ganz oder nicht scharf sieht. Grundsätzlich gilt, daß Ihnen ein Reflexsucher keine Schwierigkeiten bereiten sollte, solange Sie auf eine Entfernung von 1 m ohne Sehhilfe scharf sehen, denn das Sucherokular der EOS 100 ist auf -1 dpt abgestimmt.

Für kurz- bzw. weitsichtige Brillenträger gibt es einen Trost: Augenkorrektionslinsen in Stärken von +3 bis -4 dpt sind zu dieser Kamera lieferbar, die auf das Sucherokular gesteckt werden. Allerdings vermögen diese Linsen keine auf Astigma-

*Einstellupe (links) und
Winkelsucher (rechts)*

tismus oder anderen Anomalien beruhenden Sehfehler auszugleichen. Auf jeden Fall empfiehlt sich vor dem Kauf einer Augenkorrektionslinse ein praktischer Versuch.

Für die Nahfotografie, Reproduktionen usw. wird man häufig auf automatische Scharfeinstellung verzichten, und in diesem Fall bewährt sich eine Einstellupe bzw. – bei Anbringung der Kamera an einem Reprogestell oder bei sehr tiefen Aufnahmestandpunkten – ein Winkelsucher, der den Einblick im rechten Winkel zum Sucherokular gestattet.

Der Fernauslöser RC-1

Man wünscht ihn sich eigentlich als serienmäßige Ausstattung der EOS 100. Doch Zubehör ist Geld, und das hat niemand zu verschenken. So müssen Sie für den Fernauslöser getrennt in die Tasche greifen.

Die EOS ist auf jeden Fall gerüstet. Ihr »Fernsteuerungsohr« ist bereits eingebaut. Und so wird die handliche Einheit zur äußerst praktischen Ergänzung. Bis aus einer Entfernung von 5 m läßt sich die Kamera bequem auslösen. Dabei stehen zwei Betriebsarten zur Verfügung: sofortige Auslösung und Auslösung mit einer Verzögerung von zwei Sekunden. Das reicht gerade – wenn Sie selbst im Bild nicht fehlen möchten –, um die Fernbedienung nach dem Druck aufs Knöpfchen geschickt vor der Kamera zu verbergen.

Der Drahtauslöseradapter T3

Lange Zeit hindurch war der herkömmliche Drahtauslöser bei modernen elektronischen Kameras zur Untätigkeit verdammt, denn es gab keine Anschlußmöglichkeit. Das hat sich inzwischen geändert, denn Canon bietet einen Drahtauslöseradapter T3 an, der die Lücke schließt. Na also.

Näher mit Nahlinsen

Wenn Sie dem Objektiv eine Brille aufsetzen – und als solche läßt sich eine Nahlinse etwa verstehen –, dann verringert sich plötzlich der mögliche Aufnahmeabstand. Canon liefert sogenannte Vorsatzachromate für die EOS mit dem gängigsten Durchmesser 52 mm. Dabei handelt es sich um besonders korrigierte, zweilinsige Systeme, die die Abbildungsleistung des Objektivs im Nahbereich verbessern. Und unter »Nahbereich« verstehen wir hier jene kurzen Aufnahmeabstände, für die ein normales Objektiv weder gerechnet, noch bestimmt ist. So liegt es auf der Hand, daß es ohne optische Hilfsmittel nicht mehr so leistungsfähig sein kann.

Nahlinsen sind die »Nahbrille« Ihrer Kamera

Vorsatz-Achromate vollbringen Erstaunliches. Sie dürfen nicht mit einfachen Vorsatzlinsen verwechselt werden, die im allgemeinen eine Abblendung auf 11 erfordern, um noch akzeptable Ergebnisse zu liefern. Die besonders korrigierten Achromate hingegen begnügen sich in der bildmäßigen Fotografie bereits mit Abblendung auf etwa 5,6. Dies kommt der Verschlußzeit zugute, die für Aufnahmen aus der Hand möglichst kurz sein sollte.

Die genannten Vorsatz-Achromate liefert Canon mit der Bezeichnung 240 und 450, wobei der erstere die stärkere Vergrößerung ergibt. Während das Normalobjektiv EF 1:1,8/50 mm bei seiner kürzesten Einstellentfernung einen Abbildungsmaßstab 1:6,6 ergibt, sind es mit der Nahlinse 450 bereits 1:4 und mit der Linse 240 gar 1:2,8. Beim Zoomobjektiv 28-80 mm betragen die Abbildungsmaßstäbe in Naheinstellung mit einer Linse 450 1:2,5, mit der Linse 240 bereits 1:1,75. Eine Kombination beider Linsen sollte an den EF-Objektiven vermieden werden, da sich das erhöhte Gewicht nachteilig auf den AF-Mechanismus auswirkt. Da die Nahlinsen dem Objektiv vorgeschaltet sind, führen sie zu keiner Verringerung der Lichtstärke, wie sie bei auszugsverlängerndem Zubehör unvermeidlich ist.

Vorsatz-Achromate verbessern die Abbildungsleistung

Wir sollten uns stets vor Augen halten, daß wir für viele Zwecke eigentlich gar keine besonders starke Vergrößerung brauchen. Aus dieser Sicht sind die zuvor für die gebräuchlichsten Objektive zur EOS 100 genannten Maßstäbe bereits sehr beachtlich.

Wenn wir z.B. von »Abbildungsmaßstab 1:2,5« sprechen, so bedeutet dies, daß der Aufnahmegegenstand 2,5fach verkleinert aufgezeichnet wird – allerdings auf dem noch recht kleinen Bildformat 24 mm x 36 mm! Vergrößern Sie dieses Negativ nur auf Weltpostkarte, halten Sie bereits ein Abbild in den Händen, das die Größe des Originalgegenstands leicht übertrifft!

Der Objektivadapter FD-EOS

Er schlägt die Brücke zwischen Nahzubehör (und Objektiven) mit FD-Bajonett und dem EOS-Bajonett. Allerdings mit Einschränkungen. So sind nicht möglich: die automatische Scharfeinstellung und Fokussierung auf Unendlich. Mit anderen Worten, FD-Objektive lassen sich nur im Nahbereich einsetzen.

FD-Nahzubehör ist nunmehr mit EOS-Kameras verwendbar

Immerhin, der Adapter gestattet die Anpassung von FD-Nahzubehör – wie des Automatik-Balgengeräts und des Mikrofoto-Ansatzes – an die EOS 100.

Der Zwischenring EF 25

Dieser Zwischenring wird zwischen Objektiv und Kameragehäuse eingefügt und ergibt kürzere Einstellentfernungen und größere Abbildungsmaßstäbe als sie mit Nahlinsen möglich sind. Die erzielbaren Abbildungsmaßstäbe sind je nach Objektiv unterschiedlich. Der Zwischenring verlängert den Auszug um 25 mm und eignet sich für alle EF-Objektive, außer dem EF 1:2,8/15 mm, EF 1:1/50 mm L, EF 1:2,8/20-35 mm L (bei Brennweite 20 mm) und Objektiven ohne Möglichkeit der Abschaltung von AF. Bei Verwendung des Zwischenrings empfiehlt Canon manuelle Fokussierung.

Reproduktionen

Ob Sie nun eine Briefmarkensammlung fotografieren, alte Dokumente, Münzen oder ganz einfach Fotos, von denen die Negative verlorengingen – stets brauchen Sie, wenn Sie auf hohe Qualität Wert legen, ein Makro-Objektiv. Denn eine im wesentlichen zweidimensionale Vorlage macht den Schärfenabfall zu den Rändern, wie er sich bei einem normalen Objektiv nicht vermeiden läßt, unübersehbar.

Reproduktionen erfordern die Verwendung eines Reprogestells oder Stativs

Wichtige Voraussetzung ist die sichere Anbringung der Kamera, sei es auf einem Stativ oder einer Reprosäule. Müssen Sie mit einem Stativ vorliebnehmen, so empfiehlt es sich, die parallele Ausrichtung von Kamera und Vorlage durch Auflegen eines Taschenspiegels in Bildmitte zu kontrollieren.

Gleich an nächster Stelle steht die Reprobeleuchtung. In der Nähe eines Fensters können Sie – vorzugsweise um die Mittagszeit – durchaus mit Tageslicht arbeiten, solange sich die Vorlage nicht im direkten Sonnenlicht befindet und nicht zu groß ist.

Für höhere Ansprüche empfiehlt sich die Verwendung von Halogen-Reprolampen oder Blitzleuchten, die in gleichem Abstand links und rechts von der Vorlage angebracht werden. Wird das Licht einer dieser Lampen nicht gedrosselt, ergibt sich schattenfreie Ausleuchtung. Bei Münzen und anderen kleinen Gegenständen bewährt sich zur Erzielung eines Reliefeffekts ein Leuchtstärkenverhältnis von etwa 1:2 zwischen rechter und linker Lampe.

Schließlich kommt noch ein Lichtzelt in Frage, wie man es gern für dokumentarische Nahaufnahmen verwendet. Es besteht aus weißem, dünnen Stoff und wird zur schattenfreien Ausleuchtung über das Objekt gestülpt. Oben blickt die Kamera durch eine kleine Öffnung auf den Aufnahmegegenstand. Das Zelt wird von außen möglichst gleichmäßig beleuchtet.

Ein Lichtzelt schafft schattenfreie Ausleuchtung

Der Ringblitz ML-3

In der Nahfotografie wird das Problem der Beleuchtungsparallaxe mit kürzeren Aufnahmeabständen immer dringlicher: Ein im Zubehörschuh der Kamera sitzendes Blitzgerät schielt bei kurzen Abständen schlicht am Aufnahmegegenstand vorbei.

Um diesem Übel abzuhelfen, wurden Ringblitzgeräte entwickelt, die kreisförmig angeordnet sind und direkt an der Vorderseite des Objektivs angebracht werden. Verlangt man nicht unrealistische Mini-Abstände von ihnen – bei denen auch sie am Objekt vorbeischielen –, garantieren sie völlig schattenfreie Ausleuchtung. Doch weil das völlige Fehlen von Schatten häufig zur recht langweiligen, flachen Ausleuchtung führt, hat man sich Ringblitze einfallen lassen, deren Leuchten für seitliche Ausleuchtung getrennt zündbar sind. So auch beim Canon-Ringblitz ML-3.

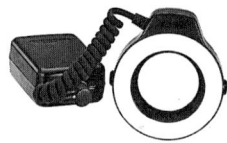

Der Canon-Ringblitz ML-3 besteht aus einem Steuergerät und dem Reflektor, der auf das EF-Makro-Objektiv paßt.

Das Gerät hat Leitzahl 11 bei ISO 100/21° und eignet sich für Aufnahmeabstände von etwa 20 cm bis 4 m vom Reflektor. Die Blitzleuchtzeit beträgt je nach Aufnahmeabstand und dem Reflexionsvermögen des Objekts 1/2000 s oder weniger. Das Gerät besteht aus zwei Komponenten: dem Steuergerät, das im Zubehörschuh der EOS befestigt wird, und dem mit ihm über Kabel verbundenen Reflektor zur Anbringung am EF 1:2,8/100 mm Makro. Als Spannungsquelle dienen vier Akali-Mangan-Mignonzellen 1,5 V, die für mindestens 100 Blitze gut sind. Die Blitzfolgezeit beträgt je nach Batteriezustand, Aufnahmeabstand und Reflexionseigenschaften des Aufnahmegegenstands zwischen 0,2 und 13 s.

Ein Ringblitz – die Patentlösung für geblitzte Nahaufnahmen

Beispiele für die Beleuchtung kleiner Aufnahmegegenstände in der Nahfotografie:

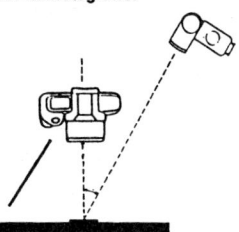

Mit einer geeigneten Beleuchtungsanordnung läßt sich fast jeder gewünschte Effekt erzielen

schräge Auflichtbeleuchtung unter einem Winkel von 30° mit Aufhellung durch Reflexschirm;

schräge Auflichtbeleuchtung; Objekt liegt auf einer Glasscheibe (2), die sich auf vier Holzklötzchen in einem Abstand von ca. 20 cm über einem schwarzen oder farbigen Hintergrundkarton befindet. Vorteile dieses Aufbaus: Man vermeidet Schlagschatten, und der Hintergrund läßt sich schnell austauschen.

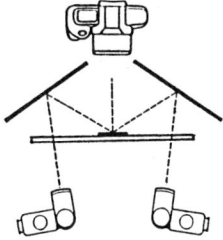

quasi schattenfreie Ausleuchtung über Reflektoren;

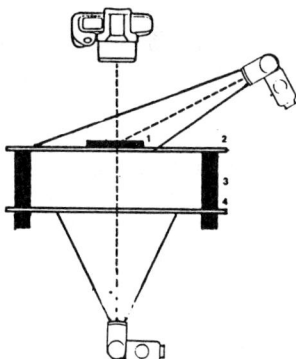

... Aufbau für kombinierte Durchlicht- und Auflichtbeleuchtung bei transparenten Objekten oder zur Erzeugung eines weißen und schattenfreien Hintergrunds; 1 transparentes Objekt; 2 Glasscheibe; 3 Auflage; 4 Opalglasscheibe.

Ohne ein Minimum an Aufwand ist eine wirkungsvolle Beleuchtung kleiner Aufnahmegegenstände nicht möglich

Freistellung eines Objekts gegen einen dunklen Hintergrund;

Dunkelfeldbeleuchtung für transparente Objekte. Auf der ersten Glasscheibe liegt das Objekt, auf der zweiten ein Stück schwarzes Papier oder Samtstoff. Die Maße des schwarzen Hintergrunds werden in Abhängigkeit von der Größe und dem Abstand des Objekts über Sucherkontrolle ermittelt.

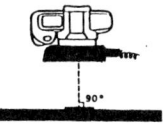

schattenfreie Ausleuchtung durch Ringblitzleuchte;

Die Bildgestaltung

In dem Augenblick, in dem Sie die vor Ihnen liegende Szene mit dem begrenzten Sucherausschnitt »sezieren«, treffen Sie – zunächst wahrscheinlich unbewußt – eine ganze Reihe von Entscheidungen, die maßgeblichen Anteil an der Wirkung haben, die Ihre Aufnahme später auf den unvoreingenommenen Betrachter ausübt. Denn halten wir uns stets vor Augen, daß Sie der Realität ein Teil, ein Fragment, entreißen und dieses Stück eingefrorener Wirklichkeit ganz für sich allein auf einen Unbeteiligten wirken lassen. Dieser Betrachter hat normalerweise keine direkte Beziehung zu dem, was Sie ihm da vorsetzen. So sieht er Ihr Bild ganz wörtlich »mit anderen Augen«. Die Aufnahme muß für sich allein sprechen, auch als Fragment noch Aussagekraft haben.

Der Formatrahmen schafft eine neue Welt

Wohin Sie den Bildrahmen legen, entscheidet über die Beziehung zwischen der Bildbegrenzung – dem Formatrahmen – und den einzelnen Elementen des Motivs. Lassen Sie uns versuchen, ein wenig Ordnung in die Grundlagen zu bringen, auf denen sich die gesamte Bildgestaltung aufbaut.

Der Bildaufbau

Eine Vielzahl unregelmäßiger, unruhiger Bildelemente innerhalb des Bildfeldes suggeriert dem Betrachter unweigerlich »Chaos«. Verloren wird sein Auge zwischen den verschiedenen Strukturen umherirren, wird es versuchen, Halt zu finden. Doch wie der Begriff »Chaos« bereits sagt, fehlen hierzu einfach die Voraussetzungen. Der Betrachter – der im Normalfall ja weder am Ort des Geschehens war, noch die Intentionen des Fotografen kennt – wendet sich mit Grausen, wenn diese etwas harte Formulierung gestattet sei.

Für den Betrachter zeigt das Bild eine unbekannte Welt

Wie stets, ist es die Ausnahme, welche die Regel bestätigt. Denn grundsätzlich dürfen auch in der Bildgestaltung Regeln nicht zum Selbstzweck werden. Gelegentlich mag es gerade in der Bildabsicht liegen, Chaos zu suggerieren. Doch lassen Sie uns beim »Normalfall« bleiben.

Suchen wir den Kontrast, und dieser ist ausnahmsweise nicht fototechnisch gemeint. Ordnung strahlt Ruhe aus, spiegelt Harmonie. Das Auge des Betrachters vermag sich ohne Ablenkung auf das Wesentliche zu konzentrieren, erkennt ohne Hast die Aussage, die der Fotograf mit seinem Bild machen wollte. Diese Ruhe jedoch setzt voraus, daß sich der Fotograf im Bildausschnitt beschränkt, daß er es versteht, all die tausend störenden Dinge rings um sein eigentliches Motiv vom Bild auszuschließen. Denn auch in der Fotografie zeigt sich in der Beschränkung der Meister. So wollen wir uns merken:

In der Fotografie ist weniger mehr

Nur die rücksichtslose Verbannung aller unwichtigen Details, die ausreichende Annäherung an das Motiv und die Isolierung der zur Bildaussage beitragenden Elemente führt zu wirkungsvollen Bildern.

Das bedeutet, daß wir stets so nah wie möglich ans Motiv herangehen sollten. Längere Brennweiten kommen uns bei dieser Konzentration auf das Wesentliche entgegen, denn sie erfassen automatisch nur einen kleineren Ausschnitt und leisten somit »Erziehungsarbeit«.

Und wie sieht die Praxis aus? Da baut sich Papi, Mami, Tantchen oder wer auch immer in geradezu endloser Entfernung vor Püppi auf. Man will ja schließlich was draufkriegen, nicht wahr? Und ob man etwas draufkriegt! Jede Menge Luft! In der Mitte ein Strich – das ist der Treppenabsatz, auf dem Püppi steht. Darunter viiiele Treppen. Darüber – eigentlich nichts. Aber ist sie nicht hübsch, unsere Püppi? (Wenn man sie nur erkennen könnte!).

Gehen Sie ran!

Sehen Sie, genau das ist es, was ich so gern als »Ameisenfotografie« bezeichne. Man tritt zurück, zurück, zurück... Und zum Schluß hat man ALLES drauf – all das, was wirklich nicht wert ist, verewigt zu werden. Deshalb: Gehen Sie ran! Schneiden Sie an! Haben Sie nur Mut!

Die Flächenaufteilung

Schafft das Bildformat – so wie es sich Ihnen beim Blick durch den Sucher darstellt – den Rahmen, so entscheidet der Aufnahmestandort über die Darstellung des Motivs innerhalb dieses Rahmens.

Die Wahl des Aufnahmestandorts entscheidet darüber, ob das Bild durch Diagonalen aufgewertet wird oder nicht. Postieren Sie sich frontal vor einem Gebäude, zum Beispiel, so werden Sie Diagonalen im Bild vergeblich suchen. Treten Sie hingegen zur Seite, bietet sich Ihnen das Motiv – geschickt ins Bild gerückt – mit ausgeprägten Diagonalen. Was Sie dabei im Bild zu Diagonalen erheben, ist belanglos. Einen Schatten, einen Weg, einen Zaun – irgend etwas. Wir merken uns:

Diagonalen sind unerläßlich

Diagonalen ergeben sich allein als Folge des Aufnahmestandorts. Sie lassen sich mit ein wenig Umsicht fast überall erzeugen und sind entscheidend für die Bildwirkung.

Diagonalen wirken wie ein Zeigestab. Sie vermögen das Auge auf den Hauptgegenstand des Interesses hinzuführen – oder auch aus dem Bild wandern zu lassen! Stets sucht das Auge des Betrachters – im Bild leider auf zwei Dimensionen beschränkt – einen Kontrast zu den (langweiligen) Formatseiten. Alles, was diese Langeweile unterbricht, ist eine hochwillkommene Abwechslung.

Die fehlende dritte Dimension nötigt uns einige Tricks ab

Gewissermaßen eine Folge der Diagonalen im Bild ist das optische Dreieck: Drei markante Punkte werden vom Auge unwillkürlich zu einem Dreieck verbunden. Dieses Dreieck findet sich in einer Vielzahl gut gestalteter Aufnahmen, und seine Wirkung ist stets die gleiche: Unser Interesse wird geweckt, wir tasten das Bild in dieser »vorprogrammierten« Folge ab und ordnen ihm eine Plastik zu, die es in Wirklichkeit nicht besitzt. Denn – es kann nicht oft genug gesagt werden – lassen Sie uns nicht vergessen, daß wir in der Fotografie stets und überall dagegen zu kämpfen haben, daß die Wahrnehmung, wie sie uns Auge und Gehirn bieten, einfach nicht mit der Darstellung in einem »ebenen« Bild übereinstimmt. Ohne kleine – wenngleich simple – Tricks kommen wir nicht aus.

Fast unbemerkt schleicht sich schließlich ein weiteres bestimmendes Element in unsere Bilder: der Kreis. Zahllose Strukturen haben diese Form, und eine Wiederholung im Bild kann zu eindrucksvollen Aufnahmen führen. Allerdings sollten wir uns vor einer Faszination allein von Strukturen hüten: Zum Selbstzweck geworden, mögen sie anfänglich das Interesse des Betrachters erwecken, am Ende jedoch wirken sie schal und unbefriedigend.

Ob Sie nun mit kreisförmigen, dreieckigen oder diagonalen Strukturen im Bild spielen, stets bleibt es Ihnen vorbehalten, wie Sie das Bildformat über diese Elemente legen. Endlose Variationen sind die Folge. Und glauben Sie bitte nicht, es wäre ein Vergehen, Bildteile anzuschneiden. Im Gegenteil: Ein Blick auf gute Profifotos zeigt Ihnen, wie konsequent der Berufsfotograf den Ausschnitt begrenzt. Im Zweifelsfall ist weniger sicher wirkungsvoller als mehr.

Lernen Sie von guten Profi-Fotos!

Der Goldene Schnitt

Nicht von ungefähr war es für die Alten Meister selbstverständlich, daß ihre Bilder stets einer Raumaufteilung folgten, die dem Betrachter unweigerlich ein Gefühl der Harmonie vermittelte. Denn auch sie standen vor der Notwendigkeit, auf einer ebenen Leinwand Tiefe und Plastik zu simulieren.

Wenn Sie sich normale Amateuraufnahmen einmal aufmerksam anschauen, wird Ihnen auffallen, daß sich der Aufnahmegegenstand – z.B. eine Person – stets im Schnittpunkt der Bilddiagonalen, also exakt in der Bildmitte, befindet. Und ringsumher? Irgend etwas, Luft, störende Details, Durcheinander, jedoch nichts, was zum Bildaufbau beitragen würde.

Dies ist die erste, und vielleicht schwerwiegendste, Sünde wider die Fotografie. Denn, bitte schön, wozu der Angebeteten, dem Freund oder Kollegen die Brust abschneiden, nur um im Oberteil des Bildes jede Menge Nichts abzulichten? Plazieren Sie hingegen die Person(en) so, daß sich ihr Kopf im oberen Bilddrittel befindet, wird plötzlich ein Bild daraus.

Der Bildschwerpunkt sollte in einem Bilddrittel liegen

Generell können Sie davon ausgehen, daß sich der Schwerpunkt eines Bildes stets in einem Bilddrittel befinden sollte – also entweder im oberen, unteren, rechten oder linken Bilddrittel. Dies gilt auch für den Horizont, der (in der Regel) *nicht* durch die Bildmitte laufen sollte. Verlegen Sie ihn in die obere Bildhälfte, so betonen Sie den Vordergrund und neutralisieren gegebenenfalls einen langweiligen Himmel. In der unteren Bildhälfte hingegen verändert sich die Gewichtung eindeutig zugunsten des Himmels, den Sie vielleicht noch durch ein Polfilter herausarbeiten. Gleichzeitig können Sie damit über einen fehlenden oder störenden Vordergrund hinwegtäuschen.

Ein Boot auf einem See oder dem Meer, zum Beispiel, würde die Aufnahme in Bildmitte empfindlich stören. Etwa in einem Bilddrittel angeordnet, kann es zum wichtigen Kontrapunkt, zum Tüpfelchen auf dem »i« werden.

Es versteht sich, daß Sie Personen stets in das Bild hinein blicken lassen werden. Ein Blick aus dem Bild hinaus würde beim Betrachter Unbehagen auslösen; er wäre eine Disharmonie. Auch jedem bewegten Objekt sollten Sie im Bild genügend Raum lassen, in den hinein sich seine Bewegung fortsetzen kann. Die Bildbegrenzung nämlich wird sonst zur »Mauer«, gegen die das Rennboot, Auto oder was auch immer fährt.

Allgegenwärtige Farbe

Die Farbfotografie ist inzwischen Allgemeingut geworden, und sie gestattet eine naturgetreuere Wiedergabe unserer Motive als die in Richtung Abstraktion gehende Schwarzweißfotografie. Allerdings verlangt uns gerade die Farbigkeit gesteigerte Aufmerksamkeit ab. Wir müssen lernen, Farbstimmungen und Farbkontraste in die Bildgestaltung einzubeziehen, Farbtemperatur und -verteilung in ihrer Wirkung auf Formen und Raumdarstellung abzuschätzen.

Die Farbtemperatur wird in Kelvin gemessen

Damit wäre schon ein Fachausdruck gefallen, dessen Verständnis nicht unbedingt selbstverständlich ist. Unter Farbtemperatur versteht man jene Temperatur, auf die ein »schwarzer »Körper« erhitzt werden muß, um Licht einer bestimmten Farbqualität abzustrahlen. Diese Temperatur wird in Kelvin gemessen, einer der Celsius-Skala vergleichbaren Temperaturskala, die beim absoluten Nullpunkt (-273° C) beginnt. Tageslicht hat eine Farbtemperatur von 5600 K. Auf diese Farbtemperatur ist Tageslicht-Umkehrfilm sensibilisiert. Mit anderen Worten, bei dieser Farbtemperatur wird er die Objektfarben naturgetreu wiedergeben.

Kunstlicht hingegen hat einen wesentlich höheren Rotanteil, weshalb man Kunstlicht-Umkehrfilm auf eine Farbtemperatur von etwa 3200 K einstellt. Fotografieren Sie mit Tageslicht-Diafilm bei Kunstlicht, so ergibt sich ein rötlicher Farbstich, der jedoch im allgemeinen nicht stört, denn wir empfinden ihn als kunstlichttypisch und akzeptieren die warme Tönung. Lediglich bei strengen Sachaufnahmen wäre ein solcher Farbstich unangebracht, und man müßte den Film mit einem entsprechenden Konversionsfilter »umstimmen«.

Kunstlicht erzeugt einen rötlichen Farbstich

Im umgekehrten Fall, bei Tageslichtaufnahmen auf Kunstlichtfilm, ergibt sich ein krasser Blaustich, den das Auge nicht mehr toleriert. Sollten Sie deshalb jemals in die Verlegenheit kommen, einen angefangenen Kunstlichtfilm bei Tage aufzubrauchen, so wird die Umstimmung mit einem (rötlichen) Konversionsfilter CCR unumgänglich. Natürlich schlucken Konversionsfilter Licht, denn sie absorbieren ja einen Teil der Strahlung, so daß derartige Anwendungen stets eine Notlösung bleiben werden.

Generell jedoch ist der Einsatz von Kunstlichtfilm in der Hobbyfotografie nicht erforderlich. Elektronenblitzgeräte sind auf die Farbtemperatur des Tageslichts abgestimmt. Und wenn Sie wirklich einmal Nacht- oder Innenaufnahmen machen, so ist eine »wärmere« Farbwiedergabe normalerweise kein Beinbruch. Probieren Sie's aus!

In der Hobbyfotografie brauchen Sie keinen Kunstlichtfilm

Daß jenes Licht, das wir als »weiß« empfinden, im Grunde ein Farbcocktail ist, erweist sich, wenn Sie es durch ein Prisma schicken, aus dem es in seine Spektralfarben zerlegt wieder austritt. Die kurzen Wellenlängen am blauen Ende des Spektrums werden nämlich stärker gebrochen als die längeren am roten – und schon haben Sie den schönsten »Regenbogen«.

Eine recht gute Vorstellung von der Beziehung der einzelnen Spektralfarben zueinander gibt der sogenannte Farbkreis. Benachbarte Farben vertragen sich recht gut miteinander, während entgegengesetzte – die sogenannten Komplementärfarben – hart aufeinanderprallen. Diese Verallgemeinerung gilt jedoch nicht uneingeschränkt für die Farbgestaltung unserer Aufnahmen. Oft ist es gerade erst ein »Spritzer« Komplementärfarbe, der eine gedämpft gehaltene Aufnahme abrundet. Die knallharte Konfrontation größerer Bildteile in Komplementärfarben hingegen dürfte besonderen Bildabsichten vorbehalten bleiben, bei denen es um Gegensätze geht.

Ein Prisma zerlegt »weißes« Licht in die Spektralfarben

Ganz intuitiv erfassen wir Farben als Stimmungsmaler. Weiß erinnert uns an Reinheit, während Schwarz etwas Bedrückendes, Unheilvolles, an sich hat. Grün wirkt beruhigend, läßt uns die Natur ahnen, Blau hat eine deutlich kühle Qualität, distanziert. Gelb und Orange versinnbildlichen Wärme und Geborgenheit, Sonne und Glück. Mehr als alle anderen Farben zieht Rot den Blick auf sich, so daß es normalerweise »in kleineren Dosen genossen« sein will. Schon ein kleiner Tupfen Rot in einer Aufnahme schafft Ausgleich, Entspannung. Kein Wunder, daß Generationen von Landschaftsfotografen ihre Vordergrundstatisten mit roten Kleidungsstücken ins Bild schickten.

Farben sind Stimmungsmaler

So wird Farbe im Bild zum wichtigen Ausdrucksmittel. Die Werbung macht sich diese Erkenntnis sehr feinfühlig zunutze, um uns eine doppelte Botschaft zu vermitteln: Bild und Stimmung. Das Erkennen dieser Zusammenhänge ermöglicht Ihnen nicht nur die Manipulation des Bildes durch bewußte Beeinflussung der Farbstimmung, sondern auch die Vermeidung von Dissonanzen, wie sie die ungünstige Plazierung komplementärfarbiger Bildelemente auslösen können.

Sachwortverzeichnis